U0151820

变压器运行分析

张星海 蒋 伟 张大堃 编著

西安交通大学出版社

国家一级出版社
全国百佳图书出版单位

图书在版编目(CIP)数据

变压器运行分析/张星海编著.—西安:西安交通大学
出版社,2022.5
ISBN 978-7-5693-1992-7

Ⅰ.①变… Ⅱ.①张… Ⅲ.①变压器-运行
Ⅳ.①TM406

中国版本图书馆 CIP 数据核字(2021)第 099875 号

书　　名	变 压 器 运 行 分 析	
	BIANYAQI YUNXING FENXI	
编　　著	张星海　蒋　伟　张大堃	
责任编辑	李　佳	
责任校对	王　娜	

出版发行　西安交通大学出版社
　　　　　(西安市兴庆南路 1 号　邮政编码 710048)
网　　址　http://www.xjtupress.com
电　　话　(029)82668357　82667874(市场营销中心)
　　　　　(029)82668315(总编办)
传　　真　(029)82668280
印　　刷　西安五星印刷有限公司

开　　本　720mm×1000mm　1/16　印张 13.25　　字数 258 千字
版次印次　2022 年 5 月第 1 版　2022 年 5 月第 1 次印刷
书　　号　ISBN 978-7-5693-1992-7
定　　价　84.00 元

如发现印装质量问题,请与本社市场营销中心联系。
订购热线:(029)82665248　(029)82667874

版权所有　侵权必究

前　言

　　近年来，电网发展突飞猛进，除了规模扩大，电网的电压等级也不断提高，输电类型逐渐增多。交流特高压电网已经从示范走向工业化应用，±800 kV直流输电工程已规模化投运，±1100 kV直流输电工程已建成投运，多端柔性直流输电示范工程电压等级和容量不断提升。电网电压等级的提升，必然要求使用更高电压等级的变压器。因此，巩固变压器基础知识、熟悉变压器正常运行状态、提高变压器运行效率和防止出现变压器非正常运行情况，对保障设备安全，提升电网安全稳定运行水平，具有重大而深远的意义。

　　本书在回顾变压器基本理论知识的同时，结合作者在电力变压器运行、事故分析方面多年的经验，以较多的实际案例分析了变压器的各种运行情况；对变压器的接地方式、短路故障和过电压等内容进行了详实论述；对变压器匝间短路的计算方法等最新研究成果进行了实质性阐述，帮助读者更好地了解变压器在各种运行情况下的特点。

　　本书旨在满足电气工程领域技术型、应用型专门人才的需求，在强调学科理论的系统性和完整性的同时，力求将概念、理论、知识、实践及案例融为一体，论述深入简出、循序渐进、层次清晰，最大限度满足读者专业水平、实践能力和综合能力等素质全面提升的需要，力求做到内容精练、重点突出、通俗实用，实践性和知识性融为一体。本书既有理论分析，又有案例剖析，将理论知识和实际相结合，可作为介绍变压器运行知识的读本，亦可作为专业人员的培训材料。本书对从事变压器设计、运行和维护工作的人员具有重要的参考价值。

　　由于作者水平有限，书中疏漏之处在所难免，欢迎广大读者批评指正。

编　著　者

2020.03

目 录

绪 论 ……………………………………………………………………… (1)

第1章 变压器基础知识 ………………………………………………… (4)

1.1 变压器类型及结构 ……………………………………………… (4)

1.2 变压器基本原理 ………………………………………………… (21)

1.3 变压器参数及数学模型 ………………………………………… (28)

1.4 变压器参数的测试 ……………………………………………… (42)

1.5 变压器的工作特性 ……………………………………………… (48)

第2章 变压器正常运行 ………………………………………………… (55)

2.1 变压器运行方式 ………………………………………………… (55)

2.2 变压器空载和负载运行 ………………………………………… (60)

2.3 变压器中性点接地方式 ………………………………………… (63)

2.4 变压器正常运行状态 …………………………………………… (73)

第3章 变压器非正常运行 ……………………………………………… (78)

3.1 变压器短路故障运行 …………………………………………… (78)

3.2 变压器事故案例分析 …………………………………………… (128)

第4章 变压器绕组中的过电压分析 …………………………………… (144)

4.1 变压器绕组中的波过程 ………………………………………… (144)

4.2 变压器谐振过电压 ……………………………………………… (153)

第5章 限制变压器短路电流的方法 …………………………………… (169)

5.1 变压器中性点接小电抗限制短路电流 ………………………… (169)

5.2 变压器低压侧串联电抗器限制短路电流 ……………………… (193)

5.3 改变变压器中性点接地方式限制短路电流 …………………… (196)

参考文献 ………………………………………………………………… (205)

绪 论

据记载,1882年在美国纽约建成了世界上第一个完整的电力系统。这是一个由发电机、电缆和负载组成的直流电力系统。同年,英国商人在上海建立了中国第一家商用电气公司——上海电气公司。1882年,德国建成了约长 57 km 的向慕尼黑国际展览会送电的直流输电线路(2 kV,1.5 kW)。当时是利用电报线由电源输电至受电端的,导线中的损耗占了输送功率的78%。为了降低输电线路的损耗,提高传输效率,必须提高输电电压。1889年,法国建成了从毛梯埃斯到里昂的 230 km 直流输电线路(125 kV,20 MW),提高输电电压的方法是将直流发电机串联得到高电压。实践证明,这种方法的致命缺点是,一旦某台发电机故障,整个系统都将停止工作。

1831年至1832年,英国物理学家法拉第和美国物理学家亨利发现了电磁感应定律,从而揭示了最初的变压器概念——在一只铁芯上绕两只线圈(主线圈和副线圈),使两线圈通过磁场耦合起来。

1884年,在匈牙利的岗茨工厂诞生了世界上第一台单相变压器(40 Hz,1400 VA,120 V/72 V)。1890年,在德国和瑞典几乎同时生产出了世界上第一台三相变压器。此后,三相交流高压输电方式得到迅速发展。到1900年左右,三相交流输电电压已经可达 60 kV,传输距离可达 250 km。

随着现代工业的发展,对大容量、远距离输电的迫切需求,促进了变压器的迅猛发展,并带来了20世纪交流高电压输电和电网的大发展。从20世纪初到60年代末,最高交流输电电压从 60 kV 提高到了 765 kV。在此期间,电力系统规模也迅速扩大,电网互联程度不断加强。1970年前后,一些国家相继研制了特高压变压器。具有代表性的是1976年7月,瑞典 ASEA 公司与美国 AEP 公司合作,由瑞典 ASEA 公司提供额定电压为 $1785/\sqrt{3}$ kV 的变压器,对美国特高压试验线路进行充电。苏联在20世纪80年代初,建成了世界上第一条交流 1150 kV、全长 1236 km 的输电线路,并投入工程应用。不久,日本也出现了交流 1000 kV 的试验线路,三台额定电压 1000 kV 的单相变压器,分别由日立、三菱和东芝公司生产。

可控硅和超高压变压器制造技术的发展,促进了高压直流输电技术的广泛应用,奠定了当今超、特高压直流输电的基础。在交流电网的联网上,尤其是在不同频率交流电网的联网上,采用直流输电技术进行交流电网的互联,具有无可比拟的优越性。如：由巴西与巴拉圭共建的伊泰普水电站(6300 MW,50 Hz)就是采用±600 kV的直流输电方式,与圣保罗交流电网(60 Hz)实现联网的。

在我国,从1882年上海南京路第一次装机发电以来,电网的发展已有一百余年的历史了。在中华人民共和国成立以前的60多年里,电力工业的发展极其缓慢,技术装备也十分落后,到1949年,全国发电装机容量为185万千瓦,年发电量仅43亿千瓦时,世界排名分别为第21位和第25位。中华人民共和国成立以后,经过40余年的努力,电力工业得到了迅速发展,到1987年,全国发电装机容量达到了1亿千瓦。此后,每年新增发电装机容量均超过1000万千瓦,到1995年3月,全国发电装机容量跨上了2亿千瓦的台阶。1995年后,仅用了5年的时间,到2000年,全国发电装机容量就跨上了3亿千瓦的台阶。1996年,我国发电装机容量和年发电量均越居世界第2位。截至2019年底,全国全口径发电装机容量20.1亿千瓦,全年全社会用电量7.23万亿千瓦时(不含港、澳、台地区)。

电网的发展,促进了我国变压器制造行业的兴旺和制造水平的提高。在1949年以前,我国最早的变压器生产厂——沈阳变压器厂只生产配电变压器,最大容量为50 kVA。1951年生产出了66 kV、560 kVA的三相油浸式电力变压器;1953年和1954年,分别制造出了110 kV和154 kV的电力变压器;1969年制造出了220 kV、260 MVA的三相油浸式电力变压器;1979年制造出了500 kV、250 MVA的单相电力变压器;1998年制造出了500 kV、720 MVA的三相油浸式电力变压器;同年,沈阳变压器厂制造出了第一台国产额定电压最高的变压器,150 MVA/1000 kV。此外,为了降低变压器的空载损耗,很多变压器厂开发出了非晶合金配电变压器;为了减小变压器的最大运输重量,适应交通条件差的水电厂、变电站的大件设备运输,一些变压器厂开发出了便于运输的三相组合式变压器和现场组装式变压器。据统计,目前,我国共有中小变压器生产厂家近800家,其中多家变压器厂能够生产500 kV、750 kV及1000 kV电压等级的变压器。

随着电网容量不断扩大,电网的安全与可靠运行显得尤其重要。美国时间2003年8月14日15时,美国中西部、东北部及加拿大安大略省等地区发生大面积停电事故,该事故涉及用电人口近5000万,造成了极为恶劣的经济和社会影响。2006年11月4日21时左右,西欧电网发生了涉及8个国家的大规模停电事故,停电时间持续了一个多小时,此次停电事故导致了将近1000万人口的用电荒,造成了恶劣的国际影响。大量电网事故表明,输变电设备故障是导致电网停电的主要原因之一。

目前,国内外对电网停电事故的原因分析多局限于电网运行本身,而对电力设备故障引发电网事故的重视不够,对关键电力设备的状态检修技术研究不深入。实际上,电力设备的安全可靠运行,对保证电网安全很重要。例如,一组三相500 kV、750 MVA的大型变压器一旦发生事故,其维修费用以数百万计,停电一天所带来的直接电量损失(按 1 kW·h 电 0.4 元计)可达 100 余万元,造成的社会影响将更大。美国电力科学研究院研究表明:采用合理的变压器检修策略可以在保证变压器运行可靠性的前提下,节约 30%～60% 的成本。

随着电网的快速发展,单台高电压、大容量的变压器越来越多地投入电网运行,其运行的安全可靠性对电力系统的影响越来越大。尤其是由于电力变压器价格昂贵,而且体积庞大,特高压变压器更是重达数百吨,发生故障之后很难及时维修,因此如何提高变压器运行可靠性,一直都是变压器运行检修中的重要课题。

本书对变压器类型、结构、基本原理等基础知识进行了回顾,介绍了变压器正常运行时的运行方式,包括空载、负载、中性点接地方式等,对变压器常见的非正常运行情况进行了详实论述、分析和计算。另外,作者结合自身积累的有关变压器的实际运行经验,对变压器谐振过电压、匝间短路的计算方法、短路故障防护等问题,通过典型案例进行了深入的阐释。

第1章 变压器基础知识

变压器是一种静止电器,它利用电磁感应原理将一种电压和电流的交流电能转换成同频率的另一种电压和电流的交流电能。变压器最主要的部件是绕组和铁芯。工作时,接交流电源的绕组吸收电能的,叫作原绕组,亦称原边;接负载绕组输出电能的,叫作副绕组,亦称副边。从这个意义上讲,原绕组工作像发电机,副绕组工作像电动机。原、副绕组具有不同的匝数,但放置在同一铁芯上,通过电磁感应,原绕组的电能即可传递到副绕组,且使原、副绕组具有不同的电压和电流。

在电网中,变压器是重要的设备。要把大功率的电能从发电厂输送到远距离的用电区,需采用高电压输电。因为输送一定的电能时,电压越高,则线路中的电流越小,因此线路的金属用量、电压降和损耗就越小。发电机受绝缘限制,电压不能做得很高(一般为 $10.5 \sim 24$ kV),因此需要用升压变压器将发电机发出的电能电压升高到输电电压(一般为 $220 \sim 1000$ kV),再由输电线路输送出去;电能输送到用电地区后,再用降压变压器将电压降到配电区电压,供各种动力和照明设备使用。由此可见,变压器的总容量要比发电机的总容量大很多,二者的比例一般在 $6:1$ 到 $7:1$ 之间。所以,变压器的生产和使用对电力传输具有重要意义。在其他工农业部门、商贸及日常生活中,各式变压器的应用更加广泛。

1.1 变压器类型及结构

1.1.1 变压器的主要类型

利用变压器,可以方便地将交流电压升高或降低,以适应不同的需要。从发电厂、变电站,到电气铁路、冶金、矿山及其他各种工业企业,变压器都得到了广泛的应用。此外,变压器在通信、计算机、家用电器等方面,也大量地使用。因此,为不同目的而制造的变压器差别很大,它们的容量范围可以从几伏安到上千兆伏安,电压等级可以从几伏到几百万伏。本书所讨论的变压器,主要是用于变电和配电的变压器,统称为电力变压器。

根据变压器在电网中的用途不同,可以分为升压变压器、降压变压器、联络变压器、隔离变压器以及用于直流输电的换流变压器。

升压变压器是用来升高电压的变压器,主要用于发电厂的升压站,位于电源侧。

降压变压器是用来降低电压的变压器,主要用于电网传输至大的负荷中心的变电站、用户自己的专用变电站,位于负荷侧。

联络变压器主要用于两个不同电压等级之间电网的功率交换。与升压变压器、降压变压器不同的是,联络变压器的功率流向是双向的。

隔离变压器一般是一次绕组、二次绕组相互绝缘,变比为1:1的变压器,主要用于原、副边电路电气连接上的隔离。

以上这些变压器仅在应用上有区别,除了为与所连接的电网相适应而略有不同的额定电压外,在原理和结构方面,并无区别。

换流变压器是接在换流桥与交流系统之间的电力变压器,是交、直流输电系统中的换流、逆变两端接口的核心设备。采用换流变压器实现换流桥与交流母线的连接,并为换流桥提供一个中性点不接地的三相换相电压。换流变压器与换流桥是构成换流单元的主体,作用关键,要求其具有高可靠性和高技术性能。因为有交、直流电场、磁场的共同作用,所以换流变压器的结构特殊、复杂,对制造环境和加工工艺要求严格。换流变压器在直流输电系统中的作用有:①传送电力;②把交流系统电压变换到换流器所需的换相电压;③利用变压器绕组的不同接法,为串接的两个换流器提供两组幅值相等、相位相差30°(基波电角度)的三相对称的换相电压以实现十二脉动换流;④将直流部分与交流系统相互绝缘隔离,以免交流系统中性点接地和直流部分中性点接地造成直接短接,使得换相无法进行;⑤换流变压器的漏抗可起到限制故障电流的作用;⑥对沿着交流线路侵入到换流站的雷电冲击过电压波起缓冲抑制的作用。

按照单台变压器的相数来区分,变压器可以分为三相变压器和单相变压器。在电网中,一般使用三相变压器。当容量过大,运输条件受限制时,也使用三台单相变压器组成变压器组。

按照绕组的数量分,电网中使用的变压器一般可以分为两绕组变压器、三绕组变压器、多绕组变压器(分裂变压器)和自耦变压器。两绕组变压器用于有两级电压且要求原、副边电气隔离的变电站;三绕组变压器用于有三级电压且三侧绕组电气隔离的变电站。在一些特殊情况下,也有应用更多绕组的变压器。自耦变压器一般是三绕组变压器,只是其中两个绕组共用一段公共绕组,电气上这两个绕组是连在一起的,没有相互绝缘。

按照铁芯的结构型式,变压器可以分为芯式变压器和壳式变压器。绕组外部大部分未被铁轭包围的变压器称为芯式变压器,芯式变压器为绕组垂直方向布置,即绕组圆柱的轴与地面垂直。绕组外部大部分被铁轭包围,吊罩后几乎不能看见绕组的变压器称为壳式变压器。壳式变压器为绕组水平方向布置,即绕组圆柱的轴与地面平行。

按照铁芯的数量,变压器可以分为单相两柱、单相三柱变压器和三相三柱、三相五柱变压器。

按照调压方式的不同,变压器可以分为有载调压变压器、无载调压变压器和无分接变压器。能够带负荷进行电压调节的变压器称为有载调压变压器;必须停电,才能进行电压调节的变压器称为无载调压变压器;没有电压调节功能的变压器称为无分接变压器。

按照绝缘介质不同,变压器可以分为油浸式变压器、干式变压器(树脂浇注、气体绝缘)。

按照冷却方式不同,变压器可以分为油浸自冷(ONAN)变压器、油浸风冷(ONAF)变压器、强迫油循环风冷(OFAF)变压器、强迫油循环水冷(OFWF)变压器、强迫油导向循环风冷(ODAF)变压器、强迫油导向循环水冷(ODWF)变压器。

此外,尚有在电网中大量使用的其他专门用途的变压器,如电压互感器、电流互感器、Z形变压器、抽能高压电抗器等,以及试验用的高压试验变压器、大电流发生器等。尽管变压器类型不同,各种变压器工作的基本原理却是一样的。本书将从单相和三相的双绕组电力变压器入手,来阐述变压器的基本理论和各种运行方式。

1.1.2　变压器的结构及元件

油浸式电力变压器在交流输电系统中应用最广,如图1-1所示。油浸式电力变压器主体部分放在油箱内,箱内灌满变压器油,利用油受热后的对流作用,把铁芯和绕组产生的热量经油箱壁上的散热管发散到空气中,同时变压器油又隔绝了绕组与空气,提高了绝缘强度,避免了空气中的水汽及其他气体对绕组-地绝缘的危害。

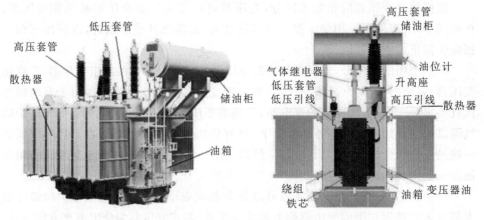

图1-1　油浸式电力变压器

不同电压等级的变压器有不同的绝缘结构,不同冷却介质的变压器有不同的散热结构。油浸式电力变压器的构成如下。

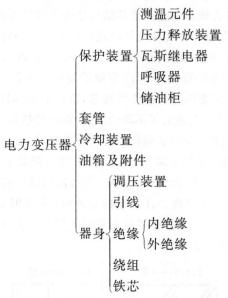

铁芯和绕组是变压器的主要部件。铁芯通常用表面涂有绝缘漆的 0.35 mm 硅钢片叠成或卷成，近来已采用低损耗的冷轧硅钢片，其厚度可达 0.2 mm，以进一步降低变压器的空载损耗和发热。

铁芯结构有芯式和壳式两种。芯式结构中，绕组包围铁芯柱，通常用于高电压、小电流的场合。壳式结构中，铁芯套住绕组，常用于低电压、大电流的场合。变压器的铁芯构成了闭合的磁通通路，采用高导磁率、低损耗的软磁材料，一方面是为了减小磁滞损耗，减少铁芯材料的厚度，以降低涡流损耗；另一方面是使磁通尽量都集中在铁芯中，力求减小漏磁通。

绕组是由绝缘铜线或铝线绕制而成的，是线圈的组合，它构成了变压器的电路部分。以最简单的单相双绕组电力变压器为例，一个绕组与电源相连用以输入电能，称为一次绕组（旧称原绕组、初级绕组）；另一个绕组与负载相连，用以向负载输出电能，称为二次绕组（旧称副绕组、次级绕组）。

1.1.2.1 铁芯

变压器铁芯是变压器的主要部件之一，铁芯由芯柱、铁轭和夹件组成，是变压器主磁路，也是变压器器身的机械骨架，对变压器的性能有很大的影响。变压器的原、副边线圈通过主磁路中的磁通进行耦合，将功率由原边线圈传输到副边线圈去。铁芯的作用是导磁，以减小励磁电流。为了提高磁路的导磁性能和减小涡流及磁滞损耗，铁芯通常用涂有绝缘漆的 0.23～0.5 mm 厚的硅钢片叠成。在配电变压器中，也有用薄硅钢片卷制而成的卷铁芯变压器。卷铁芯由于是沿着取向硅钢片的最佳导磁方向卷绕而成的，完全充分地发挥了取向硅钢片的优越性能，磁路畸变小，且没有叠

第 1 章 变压器基础知识

片式铁芯的气隙,因此比叠片式铁芯空载损耗及空载电流都要小。

目前,在我国,芯式铁芯和壳式铁芯结构这两种变压器都在生产和使用。

自 1935 年晶粒取向的冷轧硅钢片出现以后,铁芯材料由原来的热轧硅钢片改为冷轧硅钢片,硅钢片的厚度也由原来的 0.5 mm 减小到 0.3 mm、0.23 mm。铁基非晶合金的带材厚度约 0.03 mm,广泛应用于配电变压器、大功率开关电源、脉冲变压器、磁放大器、中频变压器及逆变器铁芯,适合于 10 kHz 以下频率使用。

铁芯的结构及加工工艺也有了不断的改进,如叠片搭接由直接缝改成了全斜接缝;用玻璃黏带绑扎代替了用穿芯螺杆夹紧。为减少切口毛刺,采用快速自动剪切机剪切硅钢片。铁芯材料、结构及加工工艺的改进,大大降低了变压器的铁芯损耗。

变压器的铁芯是框形闭合结构。其中,套线圈的部分称为芯柱,不套线圈只起闭合磁路作用的部分称为铁轭。在叠装硅钢片时,常采用交错式装配方法。把剪成一定尺寸的硅钢片交错叠装,叠装时相邻层的接缝要错开。为减少装配工时,一般用两三片作一层,如图 1-2 所示。

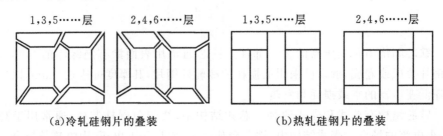

1,3,5……层　　2,4,6……层　　　　1,3,5……层　　2,4,6……层

　　　　(a)冷轧硅钢片的叠装　　　　　　　　(b)热轧硅钢片的叠装

图 1-2　三相叠片式铁芯叠装次序和叠装法

为了能充分利用圆形绕组内空间的面积,节约绕组金属用量,铁芯柱的截面多制成内接多级阶梯形,大型变压器的铁芯还设有油道,以利于油在铁芯内循环,加强散热效果,如图 1-3 所示。

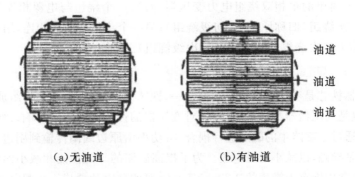

油道
油道
油道

　　(a)无油道　　　　　　　　　　　(b)有油道

图 1-3　铁芯柱截面

磁轭截面有正方形、T 形和阶梯形 3 种,如图 1-4 所示。

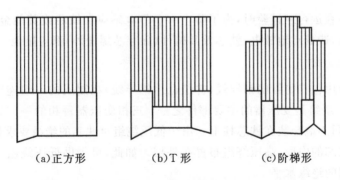

(a)正方形   (b)T 形   (c)阶梯形

图 1-4　磁轭的截面

　　铁芯叠装之后,要用槽钢夹件将上、下磁轭夹紧,大型变压器的夹紧螺栓要穿过磁轭。为了不使夹件和夹紧螺栓中形成涡流损耗,在夹件、螺栓与磁轭之间必须用绝缘纸板和套筒进行绝缘。夹紧装置松动必将增加变压器在运行中的噪声。

　　电力变压器的铁芯多数为芯式结构。芯式变压器常采用单相二柱式和三相三柱式的铁芯。大容量变压器由于受运输高度的限制,常常采用单相三柱式铁芯(一芯、二旁轭)、单相四柱式铁芯(二芯、二旁轭)、三相五柱式铁芯(三芯、二旁轭)。目前,我国 110 kV 及以下电压等级的变压器,220 kV、90 MVA 及以下容量的变压器,一般都采用三相三柱式的铁芯;220 kV、90 MVA 以上的三相变压器,一般采用三相五柱式的铁芯;500 kV 单相无载调压变压器,一般采用单相三柱式铁芯;500 kV 单相有载调压变压器,一般采用单相四柱式铁芯。图 1-5 所示为变压器绕组及铁芯结构,其中,壳式铁芯结构的变压器具有重心低、线圈机械强度高、漏抗小和耐冲击性能好等优点,在超高压、大容量及特殊用途的变压器中,均有采用。

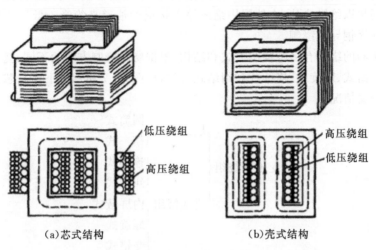

低压绕组

高压绕组

高压绕组

低压绕组

(a)芯式结构   (b)壳式结构

图 1-5　变压器绕组及铁芯结构

变压器在运行或试验时,为了防止由于静电感应在铁芯或其他金属构件上产生悬浮电位,造成对地放电,铁芯及其构件(除穿芯螺杆外)都应接地。

1.1.2.2　绕组

绕组指用包有绝缘的铜导线(曾经也用铝导线)绕制成的一组连续线匝,如图1-6所示。绕组是变压器的主要部件之一,三相变压器每相的一、二次绕组都做成圆筒形,同心地套装在铁芯柱上。由于低压绕组对铁芯的绝缘要求低,故将其布置在靠近铁芯的内层,高压绕组布置在外层。如此,可借助低压绕组,提高高压绕组和铁芯间的绝缘水平。

图1-6　绕组

大型变压器的高压绕组通常采用高强度的半硬铜导线绕制成圆筒形线圈,线匝的层间垫以绝缘垫片,内外层用绝缘撑条构成的油道来绝缘。低压绕组则用自粘换位绝缘铜导线绕制。

变压器的绕组有多种绕制方式和结构,根据绕组绕制方法的不同,变压器绕组又分为圆筒式、螺旋式、连续式和纠结式几种,如图1-7所示。下面是芯式变压器的绕组分类情况。

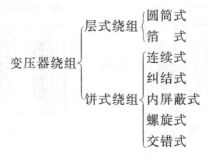

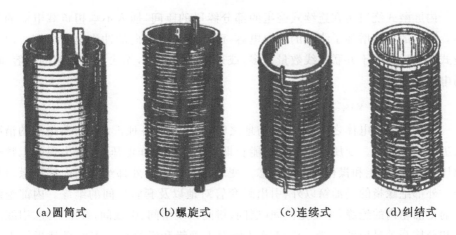

| (a)圆筒式 | (b)螺旋式 | (c)连续式 | (d)纠结式 |

图 1-7　几种变压器绕组

　　圆筒式绕组是最简单的一种绕组,是由扁导线或圆导线一匝挨着一匝绕制而成的,匝间无空隙。这种绕组绕制工艺简单,但机械强度较差,散热面积小,绕制高度不好控制,多用于小容量、低电压变压器中。当匝数多时,可绕成多层圆筒,层间可设纵向油道。圆筒式绕组一般用于小型变压器,或大型变压器的低压绕组。

　　箔式绕组是由铜箔或铝箔按每层一匝或分段为几匝连续绕制而成的。由于每匝线圈的固定面积增大,而且轴向单位长度上的电流值减小,因此它具有较高的抗短路电流的能力。这种绕组常用作配电变压器的低压绕组,特别在干式变压器中得到了大量使用。

　　螺旋式绕组由多根扁导线并联绕制而成,相邻线匝由垫块分开,沿轴向间隔一个油道宽度,绕成螺旋状的线圈。根据并联导线的根数不同,螺旋式绕组可以分为单螺旋式、双螺旋式和四螺旋式三种。这种绕组机械强度高于圆筒式,散热面积大,但它能容纳的线匝较少,多用于低压大电流绕组或调压绕组。

　　连续式绕组是由若干根扁线沿辐向绕制成的一组饼状线段组成的,每一线段有若干匝,每匝为一根或由几根扁线并联。这种绕组具有较高的机械强度,所能容纳的线匝较多,散热面介于圆筒式绕组和螺旋式绕组之间。尽管连续式绕组结构机械强度高,但由于其耐雷电冲击能力差,故不能用于较高电压的变压器绕组,多用作各种容量变压器的 63 kV 及其以下电压等级的绕组。

　　纠结式绕组是一种线匝之间交叉纠结连接的特殊连续式绕组,是在连续式绕组的基础上发展起来的,具有较高的纵向电容,从而改善绕组在陡波电压作用下的电场分布,广泛地用作 60 kV 及其以上电压等级的高压绕组。在它的线段中,相邻的两个线匝在电气上并不直接串联,而是间隔几个线匝后再串联,以增大纵向电容,改善绕组在冲击电压作用下的电压分布,提高变压器的耐冲击电压的能力。纠结式绕组的绕制工艺较复杂,导线焊接点多,所以有时采用部分纠结。

内屏蔽式绕组是在连续式绕组的部分线段的匝间,插入不承担负载电流的导体。插入的导体增加了绕组的纵向电容,改善了绕组纵向的冲击电位分布。内屏蔽式绕组适合用于并联导线数量较多,或采用换位导线,无法纠结绕制的大容量、高电压线圈中。

1.1.2.3 绝缘设计

变压器内导电体之间、导电体与地之间,要按承受各种正常和异常电压的情况来进行绝缘设计。变压器的绝缘按能长期承受工频工作电压、可能出现的工频过电压、雷电过电压和操作过电压考虑。变压器绝缘包括外部绝缘和内部绝缘两部分。外部绝缘指的是油箱以外、引出线套管对地以及套管之间的绝缘。内部绝缘指的是油箱内的绝缘,主要是匝间(层间、饼间)、绕组间、引线间,绕组对地、引线对地和分接开关对地的绝缘。内绝缘又分为主绝缘和纵绝缘。主绝缘是指绕组对地、同相不同电压等级绕组之间、不同相之间的绝缘;纵绝缘是指同一个绕组不同部位之间如层间、匝间及绕组与静电屏之间的绝缘。变压器的绝缘结构按其部位和功能可作如下分类。

变压器绝缘
  内绝缘
    主绝缘：同芯柱各绕组间的绝缘,绕组对地(油箱、铁芯、铁轭)的绝缘,各相绕组间的绝缘;引线对地及其他绕组的绝缘;分接开关对地、对其他绕组及异相触头间的绝缘;套管油箱内部对地的绝缘
    纵绝缘：同一绕组不同部位间(段间、层间、匝间)的绝缘,绕组与静电环间的绝缘;同一绕组的各分接引线间的绝缘;同相分接开关触头间的绝缘,套管内部的主绝缘
  外绝缘
    套管部分的对地绝缘
    套管间的绝缘

油浸式变压器中的主要绝缘材料是变压器油和纤维绝缘纸。干式变压器中的主要绝缘材料是合成绝缘材料,如环氧树脂、SF_6 气体。油纸绝缘结构基本都能满足从低压配电变压器到超高压和特高压变压器的绝缘要求。绝缘纸和压制成的绝缘纸板,通常用作匝间、层间绝缘及绕组中的垫块、撑条,主绝缘的隔板、角环、绝缘筒等,如图 1-8 所示。在绕组、绝缘件的间隙部位,由变压器油来填充。

(a)电工层压木板　　　(b)绝缘纸板

图 1-8 变压器内绝缘

变压器油的作用一是绝缘,二是散热。为了提高变压器的绝缘性能,除要保持足够的绝缘距离外,在电压等级较高的变压器内,还要采取绕组的不同绕制方法、绕组端部加静电环、使用成型绝缘件等措施,使电场分布尽量均匀。在选用变压器油时,应注意它的一般性能,如绝缘强度、黏度、闪点、凝固点以及杂质(酸、碱、水分、纤维等)含量是否符合要求。变压器油要求十分纯净,不含杂质,如酸、碱、硫、水分、灰尘、纤维等。另外,即使其中含有少量的水分,也将使绝缘强度大大降低。因此,防止潮气和水分侵入变压器油中是十分重要的,油面应避免与空气接触,以防止受潮和氧化,降低绝缘水平。表1-1为不同电压等级变压器对新油和运行中油的性能要求。

表 1-1   变压器对新油和运行中油的性能要求

序 号	项 目	投运前的油	运行中的油
1	外观	透明、无杂质或悬浮物	透明、无杂质或悬浮物
2	水溶性酸值/pH	≥5.4	≥4.2
3	酸值/(mgKOH·g^{-1})	≤0.03	≤0.1
4	闪点(闭口)/℃	≥140(10 号、25 号油) ≥135(45 号油)	≥135(10 号、25 号油) ≥130(45 号油)
5	水分/(mg·L^{-1})	66~110 kV≤20 220 kV≤15 330~500 kV≤10	66~110 kV≤35 220 kV≤25 330~500 kV≤15
6	击穿电压/kV	15 kV 以下≥30 15~35 kV≥35 66~220 kV≥40 330 kV≥50 500 kV≥60	15 kV 以下≥25 15~35 kV≥30 66~220 kV≥35 330 kV≥45 500 kV≥50
7	界面张力(25℃)/(mN·m^{-1})	≥35	≥19
8	介损(90℃)/(%)	330 kV 及以下≤1 500 kV≤0.7	330 kV 及以下≤4 500 kV≤2
9	体积电阻率(90℃)/(Ω·m)	≥6×10^{10}	330 kV 及以下≥3×10^{9} 500 kV≥1×10^{10}
10	油中含气量/(%)	330 kV≤1 500 kV≤1	一般不大于 3

1.1.2.4   套管

变压器套管是由外部的瓷套、中心的导电杆、金属法兰,以及中间的电容层(对于电容式套管)组成的。套管通过法兰固定在变压器油箱上,上半部分暴露在空气中,下半部分浸在变压器油中。其导电杆在油箱中的一端与变压器绕组相连,导电杆在空气中的一端与线路或其他设备相连。由于套管具有强的轴向电场分量(与导电杆方向平行),容易产生沿套管表面的滑闪。除 35 kV 及以下的小电流套管使用单一固体绝缘材料外,一般都在套管内部与高压导电杆之间增加电容层,使轴向和辐向的电场分布趋于均匀。套管的种类较多,按其结构特点和主要绝缘介质不同,可以分为单一绝缘材料套管(包括纯瓷套管、树脂套管)、复合绝缘套管(包括充油套管、充气套管)和电容式套管三类,如图 1-9 所示。变压器上使用的主要是复合绝缘套管和电容式套管。

(a) 纯瓷套管   (b) 电容式套管

图 1-9 变压器套管

1.充油套管

以瓷套内腔充填的绝缘油加绝缘屏障为绝缘介质的套管。由于其结构比较简单,广泛应用于 35 kV、10 kV 小容量变压器。

2.电容式套管

以油纸或胶纸为主要绝缘,并以电容屏来均匀轴向和辐向电场分布的套管。其核心部分是电容芯,是由多层油纸或胶纸构成的密集绝缘体。绝缘层间夹进金属箔,构成多个同心圆柱形的电容器。同心圆柱形的电容器电极的直径由内向外依次增加,而其长度则依次减小。电极的直径和长度按一定的规律选取,使轴向和辐向的电场分布趋于均匀。电容式套管一般应用于大电流套管和 110 kV 及以上变压器出线套管上。

1.1.2.5 油箱及附件

油箱是油浸式变压器的外壳,变压器器身置于油箱的内部,箱内注满变压器油。油箱分为箱盖、箱体、箱底三部分。中小型变压器多制成箱式,即将箱壁与箱底焊接成一个整体,器身置于箱中;检修时,需要将器身从油箱中吊出,如图 1-10(a)、(b)所示。大型变压器一般为钟罩式油箱,即将箱壁与箱顶焊接成一个整体,器身与箱底固定;检修时,将钟罩式箱罩吊出,如图 1-10(c)所示。

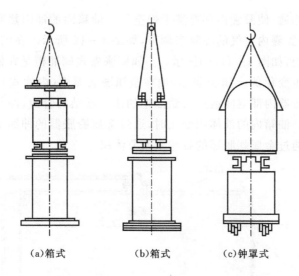

(a)箱式   (b)箱式   (c)钟罩式

图 1-10   变压器油箱

  根据不同的散热条件,油箱可分为平面油箱、片式油箱和波纹式油箱。为满足现场检修、安装和维护的需要,平面油箱又可做成钟罩式油箱和上顶盖法兰密封式油箱。片式油箱和波纹式油箱一般用于 35 kV、10 kV 小容量配电变压器。35 kV、10 kV 大容量变压器一般采用上顶盖法兰密封式油箱;110 kV 及以上电压等级的变压器一般采用钟罩式油箱。

1.储油柜

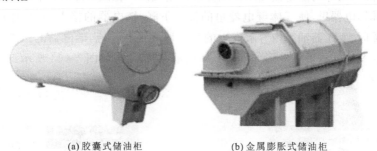

(a)胶囊式储油柜   (b)金属膨胀式储油柜

图 1-11   储油柜

  为了保证套管内壁与导电杆之间、套管升高座内充满油,以及因热胀冷缩引起的油箱内油的体积变化,在变压器油箱顶部安装了一个储油柜。储油柜通过管道和变压器油箱顶部的最高点、各套管升高座上端分别相连。储油柜内的油位应高于套管升高座顶部。现在的储油柜一般采用胶囊式,如图 1-11(a)所示。胶囊式储油柜内有一胶囊,胶囊外部与储油柜内的油相接触,油通过该胶囊与空气隔绝。胶囊出口联结至储油柜的法兰上,通过与储油柜的法兰联结的管道,经装满硅胶的呼吸器与大气相通,使胶囊内部充满干燥空气。油箱内的油因热胀冷缩发生体积变化时,就通过胶囊内空气的呼吸来调节,如图 1-12 所示。在国内,也使用金属膨胀器式储油柜,如图 1-11(b)所示。金属膨胀器式储油柜是在储油柜内安装了一个体积能发生变化的金属膨胀器,油在金属膨胀器内(内油式)或外(外油式)。外油式金属膨胀器内部空间通过与储油柜的法兰联结的管道,经装满硅胶的呼吸器与大气相通。油箱内的油体积变化时,通过金属膨胀器的伸缩进行调节。内油式金属膨胀器通过金属膨胀器的收缩来调节体积。

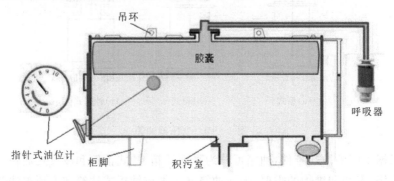

图 1-12　储油柜结构

2.气体继电器

气体继电器是一种机械式非电气量动作的继电器。当变压器内部发生放电或过热故障时,局部的能量使变压器油分解产生气体。轻微故障时,气体缓慢产生并聚集在气体继电器里,使气体继电器里的油面下降,继电器的接点闭合,作用于信号。严重故障时,变压器油箱内分解产生的气体形成强烈油流,继电器的接点闭合,作用于跳闸。气体继电器的外形如图 1-13 所示,结构原理如图 1-14 所示。

(a) 双浮子气体电气　　　　　　(b) 开口杯气体继电器

图 1-13　气体继电器外形图

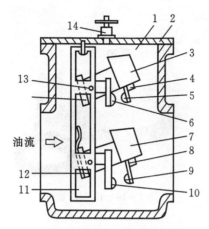

1—容器；2—盖板；3—上油杯；4、8—永久磁铁；5—上动触点；
6—上静触点；7—下油杯；9—下动触点；10—下静触点；
11—支架；12—下油杯平衡锤；13—上油杯转轴；14—放气阀。

图 1-14　气体继电器结构原理图

气体继电器工作的 4 种状态如图 1-15 所示。

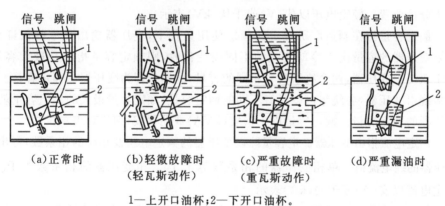

（a）正常时　　（b）轻微故障时　　（c）严重故障时　　（d）严重漏油时
　　　　　　　　（轻瓦斯动作）　　（重瓦斯动作）

1—上开口油杯；2—下开口油杯。

图 1-15　气体继电器 4 种工作状态图

3.压力释放阀

当变压器内部发生严重故障时，将产生大量的气体，使油的体积迅速膨胀。当油箱内的压力达到 0.05～0.06 MPa 时，压力释放阀动作，油流向外喷出，以防止油箱受到强烈的压力作用而爆裂。一般在油箱上安装有一个压力释放阀，对于油量较大的变压器，可安装两个压力释放阀。压力释放阀的外观如图 1-16 所示。

图 1-16 压力释放阀

1.1.3 变压器的额定值

变压器的额定值是指它特定的工作条件和出力。一般是指变压器的额定电压、额定电流、额定容量和额定频率。

额定电压指在多相变压器绕组的线路端子间或单相变压器绕组的线路端子间指定施加的电压,或空载时产生的电压。对于有分接头的变压器,此时分接头应放在主分接位置。额定电压以伏(V)或千伏(kV)表示。

额定容量指在制造厂所规定的额定使用条件下,变压器输出功率的保证值。如果变压器的容量由于冷却方式的不同而变化时,则额定容量指的是最大容量。对于双绕组变压器,两个绕组具有相同的容量,此容量即为变压器的额定容量。对于多绕组变压器,各绕组可以具有不同的额定容量,额定容量最大的绕组容量就是变压器的额定容量。额定容量以千伏安(kVA)或兆伏安(MVA)表示。

额定电流指由变压器额定容量除以变压器的额定电压及相应的相系数,得出的变压器的线电流值。单相变压器的相系数等于1,三相变压器的相系数等于$\sqrt{3}$。额定电流以安(A)或千安(kA)表示。

额定频率指变压器所设计的运行频率。我国的标准工业频率为 50 Hz,所以,我国电力变压器的额定频率也为 50 Hz。

1.1.4 变压器的冷却方式

由交变磁通在铁芯中产生的磁滞损耗和涡流损耗、负载电流在绕组中产生的电阻损耗以及在其他金属部件中产生的附加损耗,会使变压器在运行中发热,温度升高。在过载情况下,电阻损耗及附加损耗增加更快,变压器温升更为显著。变压器温升越高,绝缘介质的老化也就越快。因此,变压器的技术标准中明确规定了绕组、铁芯、上层油表面在指定条件下的最大允许温升,以保证变压器的安全运行和正常的使用寿命。

油浸式电力变压器的正常使用条件,是指使用环境的海拔高度不超过 1000 m、最高气温不超过 40 ℃、最高月平均气温不超过 30 ℃、最高年平均气温不超过 20 ℃。

按标准 GB 1094.2—2013《电力变压器 第 2 部分:温升》第 4.2 条的规定,连续额定容量下的正常温升限值是:

1.油浸式变压器的温升

(1)油浸式变压器顶层油温升。油不与大气直接接触的变压器为 60 K;油与大气直接接触的变压器为 55 K。

(2)绕组平均温升为 65 K。

(3)对于铁芯、绕组外部的电气连接线或油箱中的结构件,不规定温升限值,但仍要求温升不能过高,通常不超过 80 K,以免使与其相邻的部件受到热损坏或使油过度老化。

根据标准规定,不管冷却介质是空气还是水,绕组的平均温升都应是相同的,即 65 K。而油浸式变压器在水冷却和空气冷却时的冷却介质允许温度是有差别的,如在空气冷却时,最高温度是 40 ℃,绕组最高平均温度可以是(40+65)℃ = 105 ℃;而水冷却时,水冷却器入水口处的冷却水最高温度为 25 ℃,绕组最高平均温度为(25+65)℃ = 90 ℃。这 15 ℃的差别是考虑了用水冷却时,水冷却器的水侧经常有污染或水垢,从而影响水冷却器的散热的情况。

2.干式变压器的温升

按标准 GB 1094.11—2007 的规定,干式变压器的温升限值见表 1－2。

表 1－2　干式变压器绕组温升限值

部　位	绝缘系统温度/℃	最高温升/K
绕　组 (用电阻法测量的温升)	105(A)	60
	120(E)	75
	130(B)	80
	155(F)	100
	180(H)	125
	220(C)	150
铁芯、金属部件和与其相邻的材料	—	任何情况下,不会出现使铁芯本身、其他部件或与其相邻的材料受到损害的温度

注:表中的 A、E、B、F、H、C 是指绝缘材料的极限耐热等级。

变压器的发热与冷却既同铁芯、绕组和绝缘介质的发热时间常数以及器身和油箱的结构有关,又受冷却装置和冷却介质性能的影响。油浸式变压器的绝缘油,既是绝缘介质,又是导热介质。变压器借助绝缘油的对流作用,从内向外传导器身的热量,再通过油箱表面和散热器的辐射作用,把热量散到周围的冷却介质中。油浸式变压器的冷却方式主要有油浸自冷、油浸风冷和油浸水冷 3 种,如图 1-17 所示。

(a)油浸自冷变压器　　　　(b)油浸风冷变压器　　　　(c)油浸水冷变压器

图 1-17　变压器冷却方式

油浸自冷,指借助变压器周围空气受热的自然流动,带走变压器表面的热量。通常将这种冷却方式的变压器油箱表面做成波纹状,或在油箱表面焊装扁形钢管,以增加散热面积。油浸自冷方式大多应用于小容量变压器。

油浸风冷,指在变压器外配装多组散热器,并借助分散或集中配置的风机,将风吹向散热器,将热量带走。油浸风冷方式大多应用于大中型变压器。当变压器容量达到 100 MVA 及以上时,常采用强迫油循环风冷方式,散热器外部是绕有金属片的冷却管。在向散热器强制吹风的同时,用潜油泵迫使高温绝缘油在散热器和油箱间加速循环,并定向穿过绕组,以提高冷却效率。此外,在冷却系统中,装设有油流继电器、过滤器、控制箱等附件,用以实现自动控制、安全保护等功能。

油浸水冷,工作原理同油浸风冷,只是用水流代替气流来带走热量。油浸水冷多用于水源方便的水电站中。为了防止水向绝缘油内渗漏,要装设差压继电器,作为监视运行水压和油压,并在出现异常现象时停止水泵运行的保护装置。

在我国国家标准中,油浸式变压器的各种冷却方式、油的循环种类用表 1-3 所示的字母标志。

表 1-3　冷却方式、循环种类的字母含义

冷却介质种类	标志字母	循环种类	标志字母
矿物油或相当的可燃性合成液体	O	自然循环	N

冷却介质种类	标志字母	循环种类	标志字母
不燃性合成绝缘液体	L	强迫循环（非导向）	F
气体	G	强迫油导向循环	D
水	W	—	—
空气	A	—	—

变压器的每一种冷却方式都由 4 个字母来标志，所用字母的顺序及含义如表 1-4 所示。同一台变压器的不同冷却方式标志组用斜线分开，制造厂应标明每种冷却方式的额定容量。

表 1-4　冷却方式的字母标志顺序及含义

第 1 个字母	第 2 个字母	第 3 个字母	第 4 个字母
表示与绕组接触的冷却介质		表示与外部冷却系统接触的冷却介质	
冷却介质的种类	循环种类	冷却介质的种类	循环种类

如一台油浸式变压器，在自然循环自冷和自然循环风冷交替使用的情况下，其标志为 ONAN/ONAF。

1.2　变压器基本原理

1.2.1　变压器的基本工作原理

本书用结构最简单的单相双绕组变压器来说明变压器的基本工作原理。如图 1-18 所示，设在同一铁芯柱上绕有两个绕组，原边有 N_1 匝，副边有 N_2 匝。在原边的两端施加一正弦交流电压 U_1。U_1 的箭头方向代表电压的正方向。先让副边开路，即变压器空载运行。此时，在原边绕组中将有一交变电流 I_1 流过，在铁芯中激励一交变磁通 Φ。Φ 的正方向取成和 I_1 的正方向一致，即将由正电流 I_1 产生的磁通取作正磁通。在由电源及原边绕组所构成的闭合回路中，外施电压 U_1 将分为两部分电压降：一小部分是由于电流流过电阻引起的电压降 $I_1 r_1$；一大部分是由于交变磁通引起的电压降 $N_1(\mathrm{d}\Phi/\mathrm{d}t)$。由于变压器绕组的电阻和电感相比是很小的，故 $I_1 r_1$ 和 $N_1(\mathrm{d}\Phi/\mathrm{d}t)$ 相比，可以忽略不计，即可以认为外施电压 U_1 和 $N_1(\mathrm{d}\Phi/\mathrm{d}t)$ 近似相等。因此，当外施电压 U_1 的幅值恒定时，铁芯中的磁通 Φ 的幅值也将保持一定。设在两绕组之间没有漏磁通，即全部磁通都将同时键链原边绕组和副边绕组。当磁通 Φ 交变时，在副边绕组将感应一电势 $-N_2(\mathrm{d}\Phi/\mathrm{d}t)$。由于两绕组的匝数不同，故在副边绕组端测得的电压 U_2 和原边绕组端的电压 U_1 也不同。当 $N_2 > N_1$ 时,副边电压 U_2 比原边电压 U_1 高,即变压器起了升压的作用。当 $N_2 < N_1$ 时,副边电压 U_2 比原边电压 U_1 低,即变压器起了降压的作用。假如不考虑原边绕组的电阻和铁芯中的磁滞及涡流损耗,由于副边绕组处于开路状态,则流入原边绕组的电流 I_1 为一纯电感电流,原边绕组也无功率输入。这时的变压器就相当于一个无损耗电抗器接在电源上。实际上,由于线圈电阻和铁芯损耗的存在,流入原边绕组的电流 I_1 包含有一个小的电阻分量,输入原边绕组的有功功率就是空载损耗。

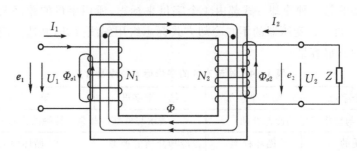

图 1-18　变压器原理图

如将副边绕组与外界回路闭合,使有电流 I_2 流通。副边电流 I_2 的大小及其与 U_2 之间的相位差,将取决于外接负载。当副边电流 I_2 流过副边绕组时,也将产生一磁势作用于同一铁芯柱上,且与铁芯柱中原有的磁通 Φ 方向相反。由于原边外施电压 U_1 没有改变,当铁芯柱中的磁通 Φ 改变时,原边电路中的电压关系便不能平衡。因此,流入原边绕组的电流 I_1 不能保持原来的空载值,而将自动增加一分量,以抵偿副边电流 I_2 所产生磁势,使铁芯柱中的磁通 Φ 保持不变。这一新增加的电流分量与负载电流相对应。所以,从副边输出的有功功率和无功功率,都是通过原、副边绕组之间的互感作用而由原边输入的。这种情况相当于实际的变压器在负载运行时的情况。原、副边绕组间不仅有变压的作用,而且也起了功率传递的作用。输入原边绕组的电流除了一小部分是空载电流以外,绝大部分分量是负载电流。

1.2.2　感应电势方程式和变压器变比

当外施电压 U_1 按正弦规律交变时,铁芯中的磁通 Φ 也将按正弦规律交变,但较 U_1 滞后 90°,原边绕组和副边绕组中的感应电势也是正弦波形。如令 $\Phi = \Phi_m \sin\omega t$,则有

$$e_1 = -N_1(\mathrm{d}\Phi/\mathrm{d}t) = -N_1\omega\Phi_m\cos\omega t = E_{1m}\sin(\omega t - 90°) \tag{1-1}$$

式中,E_{1m} 为原边绕组中感应电势的最大值。由式(1-1)可见,e_1 将较 Φ 滞后 90°。如感应电势用有效值表示,则原边绕组中的感应电势有效值为

$$E_1 = N_1 \omega \frac{\Phi_m}{\sqrt{2}} = \sqrt{2}\,\pi f N_1 \Phi_m = 4.44 f N_1 \Phi_m \qquad (1-2)$$

同理,可得副边绕组中感应电势的瞬时值和有效值分别为

$$e_2 = -N_2(\mathrm{d}\Phi/\mathrm{d}t) = -N_2 \omega \Phi_m \cos\omega t = E_{2m}\sin(\omega t - 90°) \qquad (1-3)$$

$$E_2 = N_2 \omega \frac{\Phi_m}{\sqrt{2}} = \sqrt{2}\,\pi f N_2 \Phi_m = 4.44 f N_2 \Phi_m \qquad (1-4)$$

式中,E_{2m} 为副边绕组中感应电势的最大值。由于 e_1 和 e_2 由同一磁通所感应,所以它们是同相的。把式(1-2)和(1-4)作比,可得

$$\frac{E_1}{E_2} = \frac{N_1}{N_2} = k \qquad (1-5)$$

由上式可见,变压器原、副边绕组的感应电势与其匝数成正比。k 称为变压器的变比。当变压器为降压变时,$E_1 > E_2$,$k > 1$;当变压器为升压变时,$E_1 < E_2$,$k < 1$。上面表达式中,e_1、e_2 为电动势,U_1、U_2 为端电压,U_1 与 e_1、U_2 与 e_2 方向相反。

当变压器带有负载时,由于绕组内部的阻抗电压降,端电压 U_1、U_2 和 E_1、E_2 略有差别。但因阻抗电压降和感应电势相比时是很小的,故变比也可以近似地等于原边额定电压和副边空载端电压之比,即

$$k \approx \frac{U_{1N}}{U_{2N}} \qquad (1-6)$$

例 1-1 有一台三相变压器,其额定容量 $S_N = 500$ kVA,Yd 接线,额定线电压 $U_1/U_2 = 10000$ V/400 V。

求:(1)高压侧额定线电流、相电流,低压侧额定线电流、相电流;

(2)如高压侧每相线圈有 960 匝,问低压侧每相线圈有多少匝?

解:(1) $$I_{1Nl} = \frac{S_N}{\sqrt{3}\,U_{1Nl}} = \frac{500 \times 10^3}{\sqrt{3} \times 10000} = 28.9 \text{ A}$$

因高压绕组为 Y 接线,线电流等于相电流。所以相电流为

$$I_{1N\varphi} = I_{1Nl} = 28.9 \text{ A}$$

$$I_{2Nl} = \frac{S_N}{\sqrt{3}\,U_{2Nl}} = \frac{500 \times 10^3}{\sqrt{3} \times 400} = 721.7 \text{ A}$$

因低压绕组为△接线,线电流等于相电流的 $\sqrt{3}$ 倍。所以相电流为

$$I_{2N\varphi} = \frac{I_{2Nl}}{\sqrt{3}} = 416.7 \text{ A}$$

(2) $$k = \frac{U_{1N\varphi}}{U_{2N\varphi}} = \frac{10000}{400\sqrt{3}} = 14.43$$

$$W_2 = \frac{W_1}{k} = \frac{960}{14.43} = 66.5（匝）$$

所以,低压侧每相线圈为 67 匝。

1.2.3　电压方程式及其归算值

在实际变压器中,铁芯柱中的磁通并不能全部同时键链原边绕组和副边绕组。同时键链原边绕组和副边绕组的那部分磁通称为互磁通或主磁通 Φ;只键链原边绕组的那部分磁通称为原漏磁通 $\Phi_{\sigma 1}$;只键链副边绕组的那部分磁通称为副漏磁通 $\Phi_{\sigma 2}$。漏磁通经过的路径并不全部在铁芯中的,有很大一部分是在铁芯以外的非磁材料中的,故漏磁路的磁导很小。主磁通路径和漏磁通的路径如图 1-19 所示。

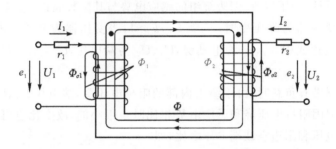

图 1-19　变压器内部磁通示意图

根据电磁感应的回路定律,激励原漏磁通的磁势仅为原边绕组的磁势 $I_1 N_1$;激励副漏磁通的磁势仅为副边绕组的磁势 $I_2 N_2$;而激励主磁通的磁势则为原、副边的合成磁势 $I_1 N_1 + I_2 N_2$。若令 A_1 为原漏磁路的磁导,A_2 为副漏磁路的磁导,A_{12} 为主磁路的磁导,则有

$$\left.\begin{aligned} \Phi_{\sigma 1} &= A_1 I_1 N_1 \\ \Phi_{\sigma 2} &= A_2 I_2 N_2 \\ \Phi &= A_{12}(I_1 N_1 + I_2 N_2) \end{aligned}\right\} \tag{1-7}$$

需要指出的是,在求合成磁势 Φ 时,应注意电流 I_1 和 I_2 所取的正方向。如图 1-19 的情形,I_1 和 I_2 的正向取得相同,故在求合成磁势 Φ 时,应把 $I_1 N_1$ 和 $I_2 N_2$ 相加。

根据图 1-19 所示的各种参量所示的正方向,可以列出原边和副边回路电压方程如下

$$\left.\begin{aligned} U_1 &= I_1 r_1 + N_1 (\mathrm{d}\Phi_1 / \mathrm{d}t) \\ U_2 &= I_2 r_2 + N_2 (\mathrm{d}\Phi_2 / \mathrm{d}t) \end{aligned}\right\} \tag{1-8}$$

式中,Φ_1 表示原边绕组的总磁通;Φ_2 表示副边绕组的总磁通。

如图 1-19 所示,则有

$$\left.\begin{array}{l} \varPhi_1 = \varPhi_{\sigma 1} + \varPhi \\ \varPhi_2 = \varPhi_{\sigma 2} + \varPhi \end{array}\right\} \tag{1-9}$$

把式(1-9)代入式(1-8)中得

$$\left.\begin{array}{l} U_1 = I_1 r_1 + N_1 (\mathrm{d}\varPhi/\mathrm{d}t) + N_1 (\mathrm{d}\varPhi_{\sigma 1}/\mathrm{d}t) \\ U_2 = I_2 r_2 + N_2 (\mathrm{d}\varPhi/\mathrm{d}t) + N_2 (\mathrm{d}\varPhi_{\sigma 2}/\mathrm{d}t) \end{array}\right\} \tag{1-10}$$

再把式(1-7)代入式 (1-10)中,则得

$$\left.\begin{array}{l} U_1 = I_1 r_1 + A_1 N_1^2 (\mathrm{d}I_1/\mathrm{d}t) + A_{12} N_1^2 (\mathrm{d}I_1/\mathrm{d}t) + A_{12} N_1 N_2 (\mathrm{d}I_2/\mathrm{d}t) \\ U_2 = I_2 r_2 + A_2 N_2^2 (\mathrm{d}I_2/\mathrm{d}t) + A_{12} N_2^2 (\mathrm{d}I_2/\mathrm{d}t) + A_{12} N_1 N_2 (\mathrm{d}I_1/\mathrm{d}t) \end{array}\right\}$$

$$\tag{1-11}$$

令

$$\left.\begin{array}{l} S_1 = A_1 N_1^2 \\ S_2 = A_2 N_2^2 \\ M = A_{12} N_1 N_2 \end{array}\right\} \tag{1-12}$$

式中,S_1 为原边绕组的漏感;S_2 为副边绕组的漏感;M 为原、副边绕组的互感。将式(1-12)代入,则式(1-11)可以改写成

$$\left.\begin{array}{l} U_1 = I_1 r_1 + S_1 (\mathrm{d}I_1/\mathrm{d}t) + kM (\mathrm{d}I_1/\mathrm{d}t) + M (\mathrm{d}I_2/\mathrm{d}t) \\ U_2 = I_2 r_2 + S_2 (\mathrm{d}I_2/\mathrm{d}t) + (M/k)(\mathrm{d}I_2/\mathrm{d}t) + M (\mathrm{d}I_1/\mathrm{d}t) \end{array}\right\} \tag{1-13}$$

以上各式为双绕组变压器的普遍电压方程式,适用于当电压、电流按任意时间函数变化时的情形,既适用于稳定状态,也适用于瞬变状态。

如电压和电流均为稳态正弦波,且角频率为 ω,则在经过微分以后,用复数表示时,式(1-13)可以化为下列代数方程式

$$\left.\begin{array}{l} U_1 = I_1 r_1 + j\omega S_1 I_1 + j\omega kM I_1 + j\omega M I_2 \\ U_2 = I_2 r_2 + j\omega S_2 I_2 + j\omega (M/k) I_2 + j\omega M I_1 \end{array}\right\} \tag{1-14}$$

把式(1-14)中第二式的等式两边同乘以 k,经过整理可得

$$\left.\begin{array}{l} U_1 = I_1 r_1 + j\omega S_1 I_1 + j\omega kM (I_1 + I_2/k) \\ kU_2 = k^2 r_2 (I_2/k) + j\omega k^2 S_2 (I_2/k) + j\omega kM (I_1 + I_2/k) \end{array}\right\} \tag{1-15}$$

上述变换的实质是,副边不取实际的电压 U_2 和实际的电流 I_2 为变量,而改取新的变量 kU_2 和 I_2/k。这种变换的目的是使式(1-15)中第二式的最后一项具有相同的形式,这种变换称为归算。具体地说,就是我们已把副边的数量归算到原边。归算的物理意义如下:由于副边电压和原边电压是由同一磁通所感应的,在副边绕组中感应 1 V 的电压,相当于在原边绕组中感应 k V 的电压,故把副边电压归算至原边时应乘以 k。同时,为要产生同样的磁势,副边绕组中 1 A 电流的作用,相当于原边绕组中 $1/k$ A 电流的作用,故把副边电流归算至原边时应乘以 $1/k$。由式(1-15)的第二式也可以看到,把电压和电流归算以后,副边的电阻 r_2

第 1 章　变压器基础知识

和漏抗 S_2 也将进行归算。进行电阻和漏抗归算时,各应乘以变比的平方,即 k^2。这也是很明显的,因为如果把电压提高到了 k 倍,而同时又把电流减小到了 $1/k$,则阻抗应增加到 k^2 倍。如把归算后的参数用右上角加一撇表示,则式(1-15)可以写成

$$U_1=(r_1+j\omega S_1)I_1+j\omega kM(I_1+I'_2)$$
$$U'_2=(r'_2+j\omega S'_2)I'_2+j\omega kM(I_1+I'_2)$$
(1-16)

若令 $\omega S_1=x_1$ 表示原边绕组的漏抗,$\omega S'_2=x'_2$ 表示副边绕组的漏抗归算至原边后的数值,$\omega kM=x_m$ 表示原、副边绕组之间的互抗在原边测得的数值,于是有

$$U_1=(r_1+jx_1)I_1+jx_m(I_1+I'_2)$$
$$U'_2=(r'_2+jx'_2)I'_2+jx_m(I_1+I'_2)$$
(1-17)

式(1-17)对应的等效电路图如图1-20所示。

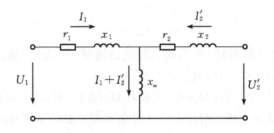

图1-20 变压器等效电路示意图

为了激励互磁通 Φ,变压器应有的合成磁势为

$$N_1I_0=N_1I_1+N_2I_2=N_1(I_1+I'_2)$$
(1-18)

所以,原边电流和归算至原边的副边电流之和即为空载电流

$$I_0=I_1+I'_2$$
(1-19)

空载电流和负载电流相比可以忽略不计,在进行负载电流计算时,可利用磁势平衡方程式

$$I_1+I'_2=0 \quad 或 \quad N_1I_1+N_2I_2=0$$
(1-20)

所以 $$I_2/I_1\approx-k$$ (1-21)

由此可见,原边负载电流和副边负载电流方向相反,其数值之比为变比 k。必须注意,式(1-21)与式(1-5)或式(1-6)不同,式(1-21)是有条件的,只有当变压器的负载电流比空载电流大得多时才适用。显然,当变压器带有负载且不计变压器损耗时,式(1-21)也可以由能量守恒定律推得。

在式(1-7)中,由于 $\Phi_m=A_{12}N_1\sqrt{2}I_0$,所以式(1-17)中的最后一项可写作

$$\omega kM|I_1+I'_2|=\omega(N_1/N_2)(A_{12}N_1N_2)I_0=\omega N_1\Phi_m/\sqrt{2}=E_1=E'_2$$
(1-22)

考虑到感应电势应较与之相应的磁通滞后 $90°$，如用复数表示，则上式可写为

$$E_1 = E'_2 = -j\omega kM(I_1 + I'_2) = -jx_m I_0 \tag{1-23}$$

把式(1-23)代入式(1-16)或(1-17)中，即得

$$\left. \begin{aligned} U_1 &= (r_1 + jx_1)I_1 - E_1 = Z_1 I_1 - E_1 \\ U'_2 &= (r'_2 + jx'_2)I'_2 - E'_2 = Z'_2 I'_2 - E'_2 \end{aligned} \right\} \tag{1-24}$$

式(1-24)即为用复数表示的变压器的原边电压方程式和副边电压方程式。

值得注意的是，以上讨论并没有计入铁芯损耗。当考虑铁芯损耗时，磁通 Φ 便不再与空载电流 I_0 同相位，因而式(1-23)和式(1-24)不能无条件地适用。当不计铁芯损耗时，I_0 为纯粹的励磁电流，它与磁通 Φ 同相位。$E_1 = E'_2$ 滞后于 I_0 $90°$，如式(1-24)所示。由于铁芯损耗的影响，I_0 将包含两个分量，一个是激磁电流的无功分量 I_{0r}，另一个是激磁电流的有功分量 I_{0a}，后者与 E_1 反相。I_{0a} 将逆着电势 E_1 而流入原边绕组中，故对变压器来说，是输入功率的有功电流。输入功率 $E_1 I_{0a}$ 即为供给铁芯损耗的功率。这时 I_0 将较 I_{0r} 超前一微小的相角 ρ，因而感应电势 $E_1 = E'_2$ 将较 I_0 滞后一略大于 $90°$ 的相角，即等于 $90° + \rho$。用 Z_m 表示 $E_1 = E'_2$ 与 I_0 间的比例常数，则可得复数表示式

$$E_1 = E'_2 = Z_m I_0 e^{-j(90°+\rho)} = Z_m I_0(-\sin\rho - j\cos\rho) \tag{1-25}$$

如令 $r_m = Z_m I_0 \sin\rho$，$x_m = Z_m I_0 \cos\rho$，$Z_m = r_m + jx_m$，则式(1-25)可以写作

$$E_1 = E'_2 = -Z_m \tag{1-26}$$

上式中，Z_m 称为励磁阻抗，它包括励磁电抗 x_m 和励磁电阻 r_m。注意：r_m 并不代表任何绕组中的实有电阻，它只是一个假设的电阻。当空载电流流入变压器时，它所产生的铁芯损耗在数值上等于 $I_0^2 r_m$。铁芯损耗是由铁芯中的磁滞损耗和涡流损耗两部分组成的。因此，式(1-24)又可写作

$$\left. \begin{aligned} U_1 &= (Z_1 + Z_m)I_1 + Z_m I'_2 \\ U'_2 &= Z_m I_1 + (Z_2 + Z_m)I'_2 \end{aligned} \right\} \tag{1-27}$$

式(1-27)对应的等效电路图如图 1-21 所示。

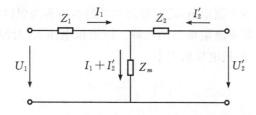

图 1-21　含励磁阻抗的变压器等效电路

1.3 变压器参数及数学模型

1.3.1 变压器的技术参数

1.3.1.1 双绕组变压器的技术参数

1.空载电流 I_0

空载电流 I_0 又称励磁电流,铁芯中的主磁通就是由它建立的。将变压器原绕组侧加交流电源,副绕组侧空载,做变压器的空载试验即可测得变压器空载电流,一般以对额定电流比的百分数表示

$$I_0\% = \frac{I_0}{I_{1N}} \times 100\% \qquad (1-28)$$

式中,$I_0\%$ 为空载电流百分比,常用的空载电流都用这种形式表示;I_0 为空载电流(A);I_{1N} 为一次侧额定电流(A)。

2.空载损耗 P_0

空载损耗也可在空载试验中测定。空载损耗又称铁损,是变压器在额定电压条件下,铁芯内励磁电流引起磁通周期变化时产生的损耗,因此称为铁芯损耗。空载损耗包括磁滞损耗 P_h、涡流损耗 P_b、附加损耗 P_s。磁滞损耗和涡流损耗常常以总和计算,称为基本铁损。附加铁损难以计算,一般取为基本铁损的 $15\% \sim 20\%$。空载损耗 P_0 的计算公式为

$$P_0 = P_h + P_b + P_s = C_1 f B_m^n V + C_2 f^2 B_m^2 V + P_s \qquad (1-29)$$

式中,f 为频率(Hz);B_m 为最大磁通密度(T);n 为磁滞系数;V 为铁芯总体积(m^3);C_1 为由材料性质决定的系数,C_2 为由材料性质和厚度决定的系数。

3.阻抗电压 U_k

阻抗电压 U_k 可以在变压器短路试验中测定。短路试验中,先将副绕组(一般为低压绕组)侧短路,后在原绕组(一般为高压绕组)侧施加低电压,并逐渐升高直至副绕组中的电流等于额定值,此时原绕组处的电压称为阻抗电压,它反映了副绕组额定电流在变压器短路阻抗上的压降。以阻抗电压 U_k 对原边额定电压 U_{1N} 的百分数 $U_k\%$ 来表征阻抗电压的大小

$$U_k\% = \frac{U_k}{U_{1N}} \times 100\% \qquad (1-30)$$

4.短路损耗 P_k

短路损耗 P_k 又称为负载损耗。变压器处于额定运行状态时,原、副边绕组均

流过额定电流,绕组中产生的损耗就是短路损耗。短路损耗也可通过短路试验测得。即将变压器的副绕组短路,在原边从零施加电源电压并逐渐升高,直到原边绕组中通过额定电流。当原边绕组中通过额定电流时,变压器消耗的功率即为短路损耗。基本的短路损耗 P_r 主要与额定电流的平方成正比。另外,绕组导线间的环流损耗、漏磁场导致的集肤效应,使得导线有效电阻增加的铜损可以称为短路损耗中的附加损耗。短路损耗的计算公式为

$$P_k = P_r + P_s = I_{1N}^2 r_1 + I_{2N}^2 r_2 + P_s \tag{1-31}$$

式中,r_1、r_2 分别为原绕组、副绕组的电阻值;I_{1N}、I_{2N} 分别为原绕组、副绕组的额定电流;P_s 为短路损耗中的附加损耗部分。

1.3.1.2 三绕组变压器的技术参数

三绕组变压器又称三卷变,有一个原绕组,两个输出绕组,一般将这三个绕组分别称为高压绕组、中压绕组、低压绕组,或者一次绕组、二次绕组、三次绕组。因为有三个绕组存在,故三卷变的短路试验要做三次,以分别测量三侧绕组间的阻抗电压 U_{k12}、U_{k13}、U_{k23},三侧绕组间的短路损耗 P_{k12}、P_{k13}、P_{k23}。由于与双卷变相比,三卷变原绕组仍是一个,故其空载试验与双卷变是类似的,空载损耗 P_0 和空载电流 I_0 的概念也与双卷变所述相同。

1. 阻抗电压

三绕组变压器的阻抗电压共有三个:若将二次绕组短路,在一次绕组加电源电压并从零开始逐渐升高,至二次绕组流过的电流达到额定电流时,在一次侧施加的电压占一次额定电压的百分比即为阻抗电压 U_{k12};若将三次绕组短路,在一次绕组施加电源电压并从零开始逐渐升高,当三次绕组流过的电流达到额定电流时(注意:三次绕组的额定容量可以不等于一次绕组的额定容量),在一次侧施加的电压折算到变压器额定容量时的电压占一次额定电压的百分比即为阻抗电压 U_{k13};在两个负载侧中,使额定容量较小的一个绕组(二次或三次绕组)达到额定电流时,在另一个绕组(三次或二次绕组)施加的电压折算到变压器额定容量时的电压占该绕组额定电压的百分比即为阻抗电压 U_{k23}。这些阻抗电压的数值通常也是用百分数的形式表示的。对于三个绕组容量不等的变压器,施加的电压均需折算到变压器最大绕组额定容量时的电压。在铭牌上,这些阻抗电压都已按一次额定容量进行了换算。

2. 短路损耗

三卷变的短路损耗有三个值:P_{k12}、P_{k13}、P_{k23}。若将二次绕组短路,一次绕组接电源电压并逐渐升高,至二次绕组流过额定电流时,一次绕组和二次绕组产生的功率损耗之和即为短路损耗 P_{k12};若将三次绕组短路,一次绕组接电源电压并升高至三次绕组流过额定电流时,一次和三次绕组产生的功率损耗之和即为短路损

耗 P_{k13}；在两个负载侧中，使变压器额定容量较小的一个绕组（二次或三次绕组）达到额定电流时，在二次和三次绕组上产生的功率损耗之和为短路损耗 P_{k23}。

对三个绕组容量不等的变压器，铭牌上的短路损耗数据的标示方法有两种：一是向容量较小即负载绕组的额定容量换算后标出；二是向容量较大即电源绕组的额定容量换算后标出。

短路损耗是反映绕组特性的，必要的时候需要把 P_{k12}、P_{k13}、P_{k23} 换算成各个绕组额定容量下的短路损耗 P_{k1}、P_{k2}、P_{k3}。

若 P_{k12}、P_{k13}、P_{k23} 是按负载侧绕组额定容量标出的，则一次绕组短路损耗 P_{k1}，二次绕组短路损耗 P_{k2}，三次绕组短路损耗 P_{k3} 的计算式为

$$P_{k1} = \frac{S_{1N}^2(S_{3N}^2 P_{k12} + S_{2N}^2 P_{k13} - S_{1N}^2 P_{k23})}{2S_{2N}^2 S_{3N}^2} \qquad (1-32)$$

$$P_{k2} = \frac{S_{2N}^2(S_{3N}^2 P_{k12} + S_{1N}^2 P_{k23} - S_{2N}^2 P_{k13})}{2S_{1N}^2 S_{3N}^2} \qquad (1-33)$$

$$P_{k3} = \frac{S_{3N}^2(S_{2N}^2 P_{k13} + S_{1N}^2 P_{k23} - S_{3N}^2 P_{k12})}{2S_{1N}^2 S_{2N}^2} \qquad (1-34)$$

若 P_{k12}、P_{k13}、P_{k23} 是按电源侧绕组额定容量给出的，则按下式计算一次短路损耗 P_{k1}，二次短路损耗 P_{k2}（折算至二次绕组额定容量下），三次短路损耗 P_{k3}（折算至三次绕组额定容量下）

$$P_{k1} = \frac{P_{k12} + P_{k13} - P_{k23}}{2} \qquad (1-35)$$

$$P_{k2} = \frac{S_{2N}^2(P_{k12} + P_{k23} - P_{k13})}{2S_{1N}^2} \qquad (1-36)$$

$$P_{k3} = \frac{S_{3N}^2(P_{k13} + P_{k23} - P_{k12})}{2S_{1N}^2} \qquad (1-37)$$

当三绕组变压器的三个绕组容量相等时，P_{k12}、P_{k13}、P_{k23} 计算如下

$$P_{k1} = \frac{P_{k12} + P_{k13} - P_{k23}}{2} \qquad (1-38)$$

$$P_{k2} = \frac{P_{k12} + P_{k23} - P_{k13}}{2} \qquad (1-39)$$

$$P_{k3} = \frac{P_{k13} + P_{k23} - P_{k12}}{2} \qquad (1-40)$$

1.3.2　变压器的等值电路

双绕组变压器的近似等值电路常将励磁支路前移到电源侧，将变压器二次绕组的电阻、漏抗折算至一次绕组并和一次绕组的电阻、漏抗合并，用等值阻抗 $R_T + jX_T$ 来表示，如图 1-22(a)所示。对于三绕组变压器，采用励磁支路前移的

星形等值电路,如图 1-22(b)所示,图中的所有参数值都是折算至变压器一次侧的值。

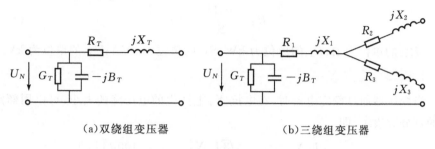

(a)双绕组变压器　　　　　　　　(b)三绕组变压器

图 1-22　变压器的等值电路

自耦变压器的等值电路与普通变压器相同。

1.3.3　双绕组变压器的参数计算

变压器的参数一般是指其等值电路中的电阻 R_T、电抗 X_T、电导 G_T 和电纳 B_T,还有变压器的变比。

变压器的前 4 个参数可以从出厂铭牌上代表电气特性的 4 个数据计算得到。这 4 个数据是短路损耗 P_k、短路阻抗 Z_k、空载损耗 ΔP_0 和空载电流百分数 $I_0\%$。前两个数据由短路试验得到,用以确定 R_T 和 X_T,后两个数据由空载试验得到,用以确定 G_T 和 B_T。

1.3.3.1　电阻 R_T

做变压器短路试验时,将二次侧绕组短接,在一次侧绕组上施加电压,使短路绕组的电流达到额定值。由于此时外加电压较小,相应的铁耗也小,可以认为短路损耗即等于变压器通过额定电流时一次侧、二次侧的绕组电阻的总损耗(亦称铜耗),即 $P_k = 3I_N^2 R_T$,于是

$$R_T = \frac{P_k}{3I_N^2} \tag{1-41}$$

短路试验时测得一次侧所加的线电压值为 U_{1k},称为短路阻抗或阻抗电压,通常用额定电压的百分数表示,即

$$U_k\% = \frac{U_{1k}}{U_{1N}} \times 100\% \tag{1-42}$$

GB/T 6451—2008《油浸式电力变压器技术参数和要求》中规定:35 kV 双绕组变压器的 $U_k\% \approx 6.5\% \sim 8\%$;110 kV 双绕组变压器的 $U_k\% \approx 10.5\%$;220 kV 及以上电压等级的双绕组变压器,一般仅用作发电厂的升压变压器;220 kV 双绕组变压器的 $U_k\% \approx 12\% \sim 14\%$;330 kV 及以上的双绕组变压器的 $U_k\% \approx 14\% \sim 15\%$。

在电力系统计算中,常用变压器三相额定容量和额定线电压进行参数计算。故可将式(1-41)改写为

$$R_T = \frac{P_k U_N^2}{S_N^2} \times 10^3 \tag{1-43}$$

式中,R_T 的单位为 Ω;P_k 的单位为 kW;S_N 的单位为 kVA;U_N 的单位为 kV。

1.3.3.2 电抗 X_T

当变压器通过额定电流时,在电抗 X_T 上产生的电压降的大小,可以用额定电压的百分数表示,即

$$U_X\% = \frac{I_N X_T}{\frac{U_N}{\sqrt{3}}} \times 100 = \frac{\sqrt{3} I_N X_T}{U_N} \times 100 = \frac{100\sqrt{3} I_N X_T}{U_N} \tag{1-44}$$

因此

$$X_T = \frac{U_X\%}{100} \times \frac{U_N}{\sqrt{3} I_N} = \frac{U_X\%}{100} \times \frac{U_N^2}{S_N} = \frac{U_X\% U_N^2}{100 S_N} \tag{1-45}$$

式中,X_T 的单位为 Ω。

变压器铭牌上给出的短路阻抗电压百分数 $U_k\%$,是变压器通过额定电流时在阻抗上产生的电压降的百分数,即

$$U_k\% = \frac{100\sqrt{3} I_N Z_T}{U_N} \tag{1-46}$$

所以,$U_X\%$ 可由下式求得

$$U_X\% = \sqrt{(U_k\%)^2 - (U_R\%)^2}$$

式中,$U_R\%$ 为变压器通过额定电流时在电阻上产生的电压降的百分数,即

$$U_R\% = \frac{\sqrt{3} I_N R_T}{U_N} \times 100 \approx \frac{P_k}{S_N} \times 100 \tag{1-47}$$

对于大容量变压器,其绕组电阻比电抗小很多,短路电压和 X 上的电压差别很小,可以近似地认为 $U_X\% \approx U_k\%$,故

$$X_T = \frac{U_k\%}{100} \times \frac{U_{1N}^2}{S_N} \ \Omega \tag{1-48}$$

例 1-2 对于型号为 SFSZ9-40000/110 的 110 kV 变压器,高、中、低三侧容量分别为 40000 kVA、40000 kVA、40000 kVA,电压比为 110±8×1.25%、38.5±2×2.5%、10.5,阻抗电压:高-低为 18.04%、高-中为 10.12%、中-低为 6.83%,高-中短路损耗为 230 kW,高、中、低压侧绕组的直流电阻分别为:0.6301 Ω、0.0712 Ω、0.008867 Ω,证明:$U_X\% \approx U_k\%$。

证明:因为,变压器绕组电阻为

$$R_T = P_{k12} \times \frac{U_N^2}{S_N^2} \times 10^3 = 230 \times \frac{110^2}{40000^2} \times 10^3 = 1.74 \ \Omega$$

变压器的漏抗为

$$X_T = U_0\% U_N^2 \frac{10^3}{S_N} = 10.12\% \times 110^2 \times \frac{10^3}{40000} = 30.613 \ \Omega$$

又因为

$$U_X\% = \frac{\sqrt{3} I_N X_T}{U_N} \times 100 = 3061 \frac{\sqrt{3} I_N}{U_N} , U_R\% = \frac{\sqrt{3} I_N R_T}{U_N} \times 100 = 174 \frac{\sqrt{3} I_N}{U_N}$$

所以,可得

$$U_k\% = \sqrt{(U_X\%)^2 - (U_R\%)^2} = \sqrt{(\frac{\sqrt{3} I_N X_T}{U_N} \times 100)^2 - (\frac{\sqrt{3} I_N R_T}{U_N} \times 100)^2}$$

$$= \frac{\sqrt{3} I_N \sqrt{X_T^2 - R_T^2}}{U_N} \times 100 = 3056 \frac{\sqrt{3} I_N}{U_N} \approx 3061 \frac{\sqrt{3} I_N}{U_N} = U_X\%$$

式中,I_N 的单位为 kA。

1.3.3.3　电导 G_T

变压器的电导是用来表示铁芯损耗的。由于空载电流相对额定电流来说很小,绕组中的铜耗也很小,所以,可以近似认为变压器的铁耗就等于空载损耗,即 $\Delta P_{Fe} = \Delta P_0$,可得

$$G_T = \frac{\Delta P_{Fe}}{U_N^2} \times 10^{-3} = \frac{\Delta P_0}{U_N^2} \times 10^{-3} \qquad (1-49)$$

式中,ΔP_{Fe} 和 ΔP_0 的单位为 kW;G_T 的单位为 S。

1.3.3.4　电纳 B_T

变压器的电纳是用来表示励磁功率的。变压器空载电流包含有功分量和无功分量,与励磁功率对应的是无功分量。由于有功分量很小,无功分量和空载电流在数值上几乎相等。根据变压器铭牌上给出的数据,可以推出

$$B_T = \frac{I_0\%}{100} \times \frac{\sqrt{3} I_N}{U_N} = \frac{I_0\%}{100} \times \frac{S_N}{U_{1N}^2} = \frac{I_0\% S_N}{100 U_{1N}^2} \qquad (1-50)$$

式中,I_N 的单位为 kA,U_N 的单位为 kV,S_N 的单位为 MVA,B_T 的单位为 S。

1.3.3.5　变比 K_T

变压器的变比 K_T 通常是指绕组空载线电压的比值,它与同铁芯上的一、二次绕组匝数比是有区别的。对于 Y/Y 及 △/△ 接法的变压器,$K_T = \dfrac{U_{1N}}{U_{2N}} = \dfrac{w_1}{w_2}$,即变比与一、二次绕组匝数比相等;对于 Y/△ 接法的变压器,则

$$K_T = \frac{U_{1N}}{U_{2N}} = \frac{\sqrt{3}\,w_1}{w_2} \qquad\qquad (1-51)$$

一般来说,变压器的高压绕组会有多个抽头用于电压调节,因此,变压器也有多个变比。根据电网运行调节的要求,变压器不一定工作在主抽头上,因此,变压器运行中的实际变比,应是工作时间内两侧绕组实际抽头的空载线电压之比。

1.3.4 三绕组变压器的参数计算

三绕组变压器等值电路中的参数计算原则与双绕组变压器相同,下面分别介绍各参数的计算公式。

1.3.4.1 电阻 R_1、R_2、R_3

为了确定三个绕组的等值阻抗,要有三个方程,因此,需要有三种短路试验的数据。

三绕组变压器的短路试验是依次让一个绕组开路,按双绕组变压器来进行的。若测得短路损耗分别为 $P_{k(1-2)}$、$P_{k(2-3)}$、$P_{k(3-1)}$,则有

$$\begin{cases} P_{k1} = \dfrac{1}{2}(P_{k(1-2)} + P_{k(3-1)} - P_{k(2-3)}) \\[2mm] P_{k2} = \dfrac{1}{2}(P_{k(1-2)} + P_{k(2-3)} - P_{k(3-1)}) \\[2mm] P_{k3} = \dfrac{1}{2}(P_{k(2-3)} + P_{k(3-1)} - P_{k(1-2)}) \end{cases} \qquad (1-52)$$

求出各绕组的短路损耗后,便可导出与双绕组变压器计算电阻相同形式的计算公式,即

$$R_i = \frac{P_{ki} U_{1N}^2}{S_N^2} \times 10^3 \quad (i=1,2,3) \qquad (1-53)$$

上述计算公式适用于三个绕组的额定容量都相同的情况。因为各绕组额定容量相等的三绕组变压器不可能三个绕组同时都满载运行,所以根据电网运行的实际需要,三个绕组的额定容量可以制造得不相等。我国目前生产的变压器中三个绕组的容量比按高、中、低压绕组的顺序有 100/100/100 MVA、100/100/50 MVA、100/50/100 MVA 三种。在 500 kV 超高压变压器中,三侧容量一般为 1000/1000/300 MVA、750/750/240 MVA、334/334/100 MVA、250/250/80 MVA。1000 kV 特高压变压器中,三侧容量一般为 1000/1000/334 MVA。

变压器铭牌上的额定容量是指容量最大的一个绕组的容量,也就是高压绕组的容量。式中的 P_{k1}、P_{k2}、P_{k3} 是指绕组流过与变压器额定容量 S_N 相对应的额定电流 I_N 时所产生的损耗。做短路试验时,三个绕组容量不相等的变压器将受到较小容量绕组额定电流的限制。因此,要用式(1-52)进行计算时,必须对工厂提供

的短路试验的数据进行折算。若工厂提供的试验值为 $P'_{k(1\text{-}2)}$、$P'_{k(2\text{-}3)}$、$P'_{k(3\text{-}1)}$，且编号 1 为高压绕组，则

$$\begin{cases} P_{k(1\text{-}2)} = P'_{k(1\text{-}2)} \left(\dfrac{S_N}{S_{2N}} \right)^2 \\[3mm] P_{k(2\text{-}3)} = P'_{k(2\text{-}3)} \left(\dfrac{S_N}{\min(S_{2N}, S_{3N})} \right)^2 \\[3mm] P_{k(3\text{-}1)} = P'_{k(3\text{-}1)} \left(\dfrac{S_N}{S_{3N}} \right)^2 \end{cases} \qquad (1-54)$$

1.3.4.2 电抗 X_1、X_2、X_3

和双绕组变压器一样，近似地认为漏抗上的电压降就等于短路阻抗。在给出短路阻抗电压百分数 $U_{k(1\text{-}2)}\%$、$U_{k(2\text{-}3)}\%$、$U_{k(3\text{-}1)}\%$ 后，与电阻的计算公式相似，各绕组的短路阻抗电压为

$$\begin{cases} U_{k1}\% = \dfrac{1}{2}(U_{k(1\text{-}2)}\% + U_{k(3\text{-}1)}\% - U_{k(2\text{-}3)}\%) \\[3mm] U_{k2}\% = \dfrac{1}{2}(U_{k(1\text{-}2)}\% + U_{k(2\text{-}3)}\% - U_{k(3\text{-}1)}\%) \\[3mm] U_{k3}\% = \dfrac{1}{2}(U_{k(2\text{-}3)}\% + U_{k(3\text{-}1)}\% - U_{k(1\text{-}2)}\%) \end{cases} \qquad (1-55)$$

各绕组的等值电抗为

$$X_i = \frac{U_{ki}\%}{100} \times \frac{U_{1N}^2}{S_N} = \frac{U_{ki}\% U_{1N}^2}{100 S_N} \quad (i=1,2,3) \qquad (1-56)$$

式中，U_{1N} 的单位为 kV，S_N 的单位为 MVA，X_i 的单位为 Ω。

应该指出，手册和制造厂提供的短路电压值，不论变压器各绕组容量比如何，一般都已折算为与变压器额定容量相对应的值，因此，可以直接用式（1-55）及式（1-56）计算。

一般来说，第三绕组的容量比变压器的额定容量（高、中压绕组的容量）小。因此，计算短路阻抗时要对短路试验的数据进行折算。如果手册或工厂提供的短路电压是未经折算的值，那么，在计算等值电抗时，要先对它们进行折算，计算公式如下

$$\begin{cases} U_{k(2\text{-}3)}\% = U'_{k(2\text{-}3)} \left(\dfrac{S_N}{S_{3N}} \right) \\[3mm] U_{k(3\text{-}1)}\% = U'_{k(3\text{-}1)} \left(\dfrac{S_N}{S_{3N}} \right) \end{cases} \qquad (1-57)$$

1.3.4.3 导纳及变比

三绕组变压器的导纳和变比的计算与双绕组变压器相同。

1.3.5　自耦变压器的参数计算

自耦变压器的等值电路及其参数计算的原理和普通变压器相同。

1.3.6　变压器的 Ⅱ 型等值电路

变压器采用如图 1 - 22 所示的等值电路时,计算所得的二次侧绕组的电流和电压都是它们的折算值(即折算到一次侧绕组的值),而且与二次侧绕组相接的其他元件的参数也要进行折算。在实际计算中,常常需要求出变压器二次侧的实际电流和电压。因此,可以在变压器等值电路中增添只反映变比的理想变压器。所谓理想变压器就是无损耗、无励磁电流的变压器。双绕组变压器的这种等值电路如图 1 - 23 所示。图中变压器的阻抗 $Z_T = R_T + jX_T$ 是折算到一次侧的值,$K = U_{1N}/U_{2N}$ 是变压器的变比,$\dot{U}_2$ 和 $\dot{I}_2$ 是二次侧的实际电压和电流。如果将励磁支路略去或另作处理,则变压器又可用它的阻抗 Z_T 和理想变压器相串联的等值电路如图 1 - 23(a)表示。这种存在磁耦合的电路还可以进一步变换成电气上直接相连的等值电路。

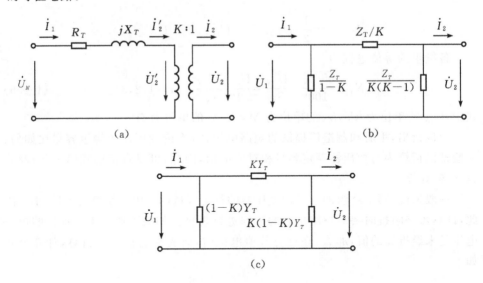

图 1 - 23　变压器的 Ⅱ 型等值电路

由图 1 - 23(a)可以得出

$$\begin{cases} \dot{U}_1 - Z_T \dot{I}_1 = \dot{U}_2' = K\dot{U}_2 \\ \dot{I}_1 = I_2' = \dfrac{1}{K}\dot{I}_2 \end{cases} \tag{1-58}$$

由式(1 - 58)可以解出

$$\begin{cases} \dot{I}_1 = \dfrac{\dot{U}_1}{Z_T} - \dfrac{K\dot{U}_2}{Z_T} = \dfrac{1-K}{Z_T}\dot{U}_1 + \dfrac{K}{Z_T}(\dot{U}_1 - \dot{U}_2) \\[3mm] \dot{I}_2 = \dfrac{K\dot{U}_1}{Z_T} - \dfrac{K^2\dot{U}_2}{Z_T} = \dfrac{K}{Z_T}(\dot{U}_1 - \dot{U}_2) - \dfrac{K(K-1)}{Z_T}\dot{U}_2 \end{cases} \qquad (1-59)$$

若令 $Y_T = \dfrac{1}{Z_T}$,则式(1-59)又可写为

$$\begin{cases} \dot{I}_1 = (1-K)Y_T\dot{U}_1 + KY_T(\dot{U}_1 - \dot{U}_2) \\[2mm] \dot{I}_2 = KY_T(\dot{U}_1 - \dot{U}_2) - K(K-1)Y_T\dot{U}_2 \end{cases} \qquad (1-60)$$

与式(1-59)、式(1-60)相对应的等值电路如图1-23(b)和(c)所示。

三绕组变压器在略去励磁支路后的等值电路如图1-24(a)所示。图中 II 侧和 III 侧的阻抗都已折算到 I 侧,并在 II 侧和 III 侧分别增添了理想变压器,其变比为 $K = U_{1N}/U_{2N}$ 和 $K' = U_{1N}/U_{3N}$。与双绕组变压器一样,可以做出电气上直接相连的三绕组变压器等值电路,如图1-24(b)所示。

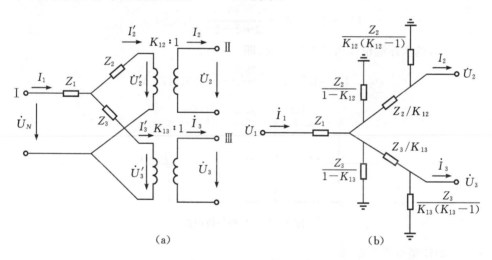

(a)   (b)

图1-24 三绕组变压器等值电路

变压器采用 II 型等值电路后,电力系统中与变压器相接的各元件就可以直接应用其参数的实际值。

例1-3 如图1-25所示单相交流电路,线路阻抗为 $Z_1 = Z_2 = j1\ \Omega$,负载阻抗为 $Z_D = j10\ \Omega$,变压器归算至原边的参数为 $Z_T = j2\ \Omega$,$Y_T = j0.1\ S$。当变压器原边电压为 230 V 时,求变压器变比为 2:1 时负载的端电压 U_D。

解:为进行比较,采用两种方法求解:一是 Γ 型等值电路和常规的归算方法,二是 II 型等值电路的方法。

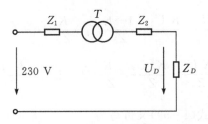

图 1 - 25　单相交流电路

（1）Γ型等值电路法。

$k=2:1$，先将变压器副边侧的线路阻抗 Z_2 和负载阻抗 Z_D 归算到原边，并将导纳 Y_T 化为阻抗以便计算，得到等值电路如图 1-26 所示，由于是纯电抗电路，故可不计所有元件阻抗中的 j 直接进行电压计算，有

$$U_a = \frac{230 \times [10/\!/(2+4+40)]}{1+10/\!/(2+4+40)} = 205.0388 \text{ V}$$

式中，$/\!/$ 表示并联。

$$U'_D = 205.0388 \times \frac{40}{2+4+40} = 178.2946 \text{ V}$$

负载的实际端电压由反归算得到，即

$$U_D = U'_D/k = \frac{178.2946}{2} = 89.1473 \text{ V}$$

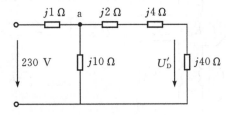

图 1 - 26　Γ型等值电路

（2）Ⅱ型等值电路法。

此时等值电路如图 1-27(a) 所示。

$k=2:1$，先将 Z_T 折算到低压侧，然后求等值电路，如图 1-27(b) 所示，此时可采用如上的阻抗串并联及分压公式求解，也可采用节点电压求解。此处采用单位电流法，先设末端负载中的电流为 1 A，则

$$U_b = 1 \times (1+10) = 11 \text{ V}$$

从而：$I'_b = 1 + \dfrac{11}{1} = 12 \text{ V}$　$U_a = 11 + 12 \times 1 = 23 \text{ V}$

于是：$I'_a = 12 + \dfrac{23}{(-2)} + \dfrac{23}{10} = 2.8 \text{ V}$　$U_1 = 23 + 2.8 \times 1 = 25.8 \text{ V}$

再利用线性电路的齐次性求得

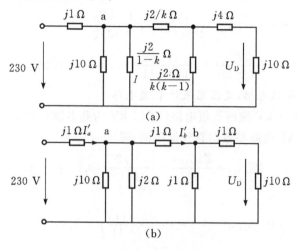

(a)

(b)

图 1-27 Ⅱ型等值电路

$$U_D = 10 \times \frac{230}{25.8} = 89.1473 \text{ V}$$

两种方法的结果相同,但用 Ⅱ 型等值电路方法时免去了归算和反归算,变比改变时只需修改 Ⅱ 型电路自身,从而给计算带来了方便。对于多电压级的复杂系统,Ⅱ 型等值电路法的优势更突出。

例 1-4 电网接线如图 1-28 所示。线路 AB 的参数为 $r_1 = 0.2 \ \Omega/\text{km}$、$x_1 = 0.4 \ \Omega/\text{km}$、$b_1 = 3 \times 10^{-6} \ \text{S/km}$;线路 CD 的参数为 $r_2 = 1.2 \ \Omega/\text{km}$、$x_2 = 0.4 \ \Omega/\text{km}$;变压器的额定容量为 10 MVA,变比为 110 kV/11 kV,$P_k = 200 \ \text{kW}$、$U_k\% = 10.5$、$P_0 = 20 \ \text{kW}$、$I_0\% = 1$。试建立网络的等值电路。

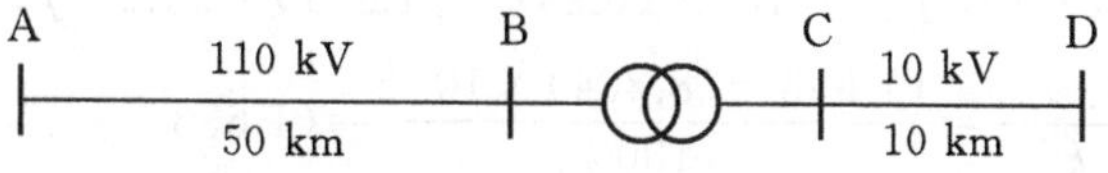

A —————— 110 kV —————— B ——◯◯—— C —— 10 kV —— D
　　　　　50 km　　　　　　　　　　　　　10 km

图 1-28 电力网络接线图

解:首先计算线路的实际参数和变压器归算到低压侧的参数。

线路 AB:$Z_{AB} = (r_1 + jx_1)l_{AB} = (0.2 + j0.4) \times 50 = 10 + j20 \ \Omega$

$$\frac{1}{2}B_{AB} = \frac{1}{2}b_1 l_{AB} = \frac{1}{2} \times 3 \times 10^{-6} \times 50 = 7.5 \times 10^{-5} \ \text{S}$$

线路 CD:$Z_{CD} = (r_2 + jx_2)l_{CD} = (1.2 + j0.4) \times 10 = 12 + j4 \ \Omega$

变压器归算到低压侧参数

$$Z_T = R_T + jX_T = \frac{P_k U_N^2}{1000 S_N^2} + j\frac{U_k\% U_N^2}{100 S_N} = \frac{200 \times 11^2}{1000 \times 10^2} + j\frac{10.5 \times 11^2}{100 \times 10}$$

$$=0.242+j1.271 \ \Omega$$

$$Y_m = G_m - jB_m = \frac{P_0}{1000U_N^2} - j\frac{I_0\%S_N}{100U_N^2}$$

$$= \frac{20}{1000\times11^2} - j\frac{1\times10}{100\times11^2} = (1.653-j8.264)\times10^{-4} \ \Omega$$

1) 有名值等值电路,变压器采用 Γ 型电路

(1)归算到 11 kV 侧的等值电路(以 11 kV 为基本级),如图 1-29 所示。此时需将 AB 线路参数归算到低压侧,即

$$Z_{AB(10)} = \frac{Z_{AB(110)}}{k^2} = \frac{10+j20}{\left(\frac{110}{11}\right)^2} = 0.1+j0.2 \ \Omega$$

$$\frac{1}{2}B_{AB(10)} = \frac{1}{2}B_{AB(110)}k^2 = 7.5\times10^{-5}\times\left(\frac{110}{11}\right)^2 = 7.5\times10^{-3} \ S$$

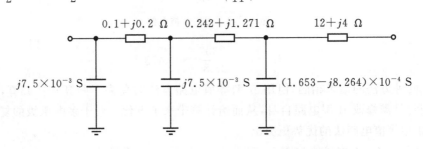

图 1-29　归算到 11 kV 侧的有名值等值电路

(2)归算到 110 kV 侧的等值电路(以 110 kV 为基本级),如图 1-30 所示。此时需将 CD 线路参数归算到高压侧,即

$$Z_{T(110)} = k^2 Z_{T(10)} = 10^2\times(0.242+j1.271) = 24.2+j127.1 \ \Omega$$

$$Y_{AB(110)} = \frac{Y_{AB(10)}}{k^2} = \frac{(1.653-j8.264)\times10^{-4}}{100} = (1.653-j8.264)\times10^{-6} \ S$$

$$Z_{CD(110)} = k^2 Z_{CD(10)} = 10^2\times(12+j4) = 1200+j400 \ \Omega$$

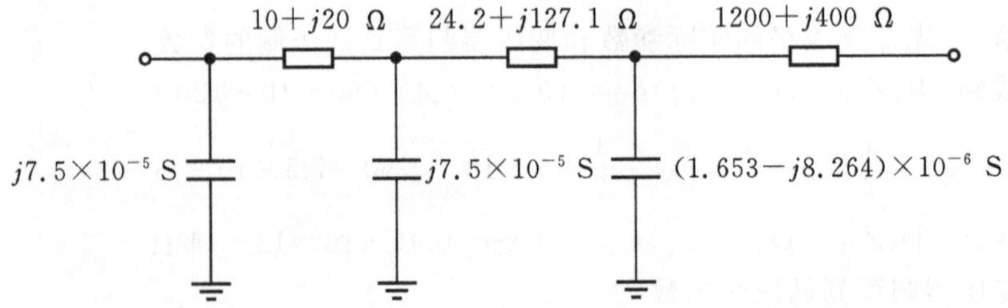

10+j20 Ω	24.2+j127.1 Ω	1200+j400 Ω

$j7.5\times10^{-5}$ S　　$j7.5\times10^{-5}$ S　(1.653-j8.264)\times10^{-6} S

图 1-30　归算到 110 kV 侧的有名值等值电路

2) 标幺值等值电路,变压器采用 Γ 型电路

(1)归算到 11 kV 侧的标幺值等值电路,如图 1 - 31 所示。

取基准功率 $S_B = 100$ MVA,取基准电压为基本级的额定电压,即 $U_{B(11)} = 11$ kV,则 11 kV 侧的基准阻抗为

$$Z_{B(11)} = \frac{U_{B(11)}^2}{S_B} = \frac{11^2}{100} = 1.21 \text{ } \Omega$$

基准导纳为

$$Y_{B(11)} = \frac{1}{Z_{B(11)}} = 0.826 \text{ S}$$

可直接根据归算到 11 kV 的有名值等值电路得到如图 1 - 31 所示等值电路。

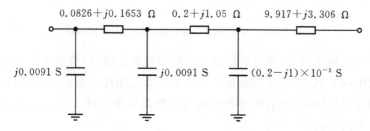

图 1 - 31 归算到 11 kV 侧的标幺值等值电路

(2)归算到 110 kV 侧的标幺值等值电路(以 110 kV 为基本级),如图 1 - 32 所示。

取基准功率 $S_B = 100$ MVA,取基准电压为基本级的额定电压,即 $U_{B(110)} = 110$ kV,则 110 kV 侧的基准阻抗为

$$Z_{B(110)} = \frac{U_{B(110)}^2}{S_B} = \frac{110^2}{100} = 121 \text{ } \Omega$$

基准导纳为

$$Y_{B(110)} = \frac{1}{Z_{B(110)}} = \frac{1}{121} = 8.26 \times 10^{-3} \text{ S}$$

线路 AB 的参数

$$Z_{AB*} = \frac{10 + j20}{121} = 0.0826 + j0.1653 \text{ } \Omega$$

$$\frac{1}{2} B_{AB*} = \frac{1.5 \times 10^{-4}}{2 \times 8.26 \times 10^{-3}} = 0.0091 \text{ S}$$

变压器的参数

$$Z_{T*} = \frac{24.2 + j127.1}{121} = 0.2 + j1.05 \text{ } \Omega$$

$$Y_{m*} = \frac{(1.653 - j8.264) \times 10^{-6}}{8.26 \times 10^{-3}} = (0.2 - j1) \times 10^{-3} \text{ S}$$

线路 CD 的参数

$$Z_{\text{CD}*} = \frac{Z_{\text{CD}(10)} \times (\frac{110}{10})^2}{Z_{\text{B}(110)}} = \frac{(12+j4) \times 100}{121} = 9.917 + j3.306 \ \Omega$$

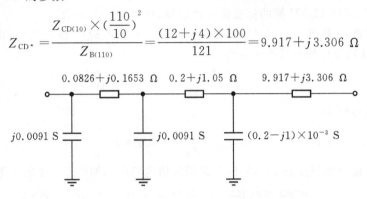

图 1-32   归算到 110 kV 侧的标幺值等值电路

从上面的例子可见,用有名值建立电网等值电路时,归算到变压器的高压侧和低压侧的电网等值电路,其参数是不一样的。而使用标幺值时,无论归算到变压器的高压侧还是低压侧,其电网等值电路的参数都完全一样。这就是使用标幺值进行电网计算的好处。

1.4   变压器参数的测试

变压器等效电路中的各个参数 r_m、x_m、r_1、x_1、r_2' 和 x_2',是变压器的重要参数,直接影响着变压器的运行性能。设计变压器时,这些参数可通过计算求得,对已经制造出来的变压器,则可通过空载试验和短路试验来测定。空载试验和短路试验是变压器的基本试验项目,通过这两项试验,不仅可以测定变压器的基本参数,而且可以判断变压器的品质和存在的故障。

1.4.1   变压器空载试验

1.4.1.1   空载试验目的

空载试验可测定变压器的以下参数:z_m、r_m、x_m、铁损 p_0、空载电流 I_0 及变比 k。

1.4.1.2   空载试验方法

(1)空载试验时,按图 1-33 接线。

(2)在变压器低压侧加额定频率的交流电压到低压侧的额定电压值 U_{1N},高压侧开路。从理论上讲,空载试验可以在任意侧加电压,但为了避免使用高电压等级的调压电源和测量设备,一般都在低压侧加电压进行试验。

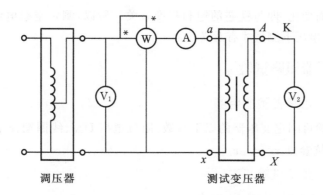

图 1-33 变压器空载试验接线

(3)试验时,让外施电压 U_1 达到额定值 U_{1N}(用 V_1 表进行监测),并同时读取 U_{20}、I_0、p_0 的数值(注:用 V_2 表测取 U_{20},V_2 表只在测取 U_{20} 时才接入,测取其他参数时不能接入)。

由所测得的数据可得

$$k = \frac{U_{20}(\text{高压})}{U_1(\text{低压})}, \quad I_0\% = \frac{I_0}{I_{1N}} \times 100\% \qquad (1-61)$$

1.4.1.3　利用空载试验数据计算变压器参数

空载试验时,对照变压器空载等效电路,忽略铜损 $p_{Cu} = I_0^2 r_1$,则铁损近似地等于空载损耗,即 $p_{Fe} \approx p_0$,同时,考虑到 $z_m \gg z_1$,$r_m \gg r_1$,可忽略一次侧漏阻抗压降,得

$$z_m = \frac{U_1}{I_0}, r_m = \frac{p_0}{I_0^2}, x_m = \sqrt{z_m^2 - r_m^2} \qquad (1-62)$$

注意事项:

(1)式(1-61)、式(1-62)中所列的各种数值,都是指的每相数值,如果是三相变压器,计算方法与单相变压器一样,但必须注意,式中的功率、电压、电流均要采用一相的数值,计算出的参数也是一相的参数。

(2)空载试验时,变压器的功率因数很低,一般在 0.2 以下,所以做空载试验时,应选用低功率因数的功率表来测量空载损耗,以减小测量误差。

(3)仪表量程的选取,应以测量时指针偏转为满刻度的 2/3 左右为宜,以减小读数误差。

(4)由于空载试验是在低压侧施加电源电压进行的,所以测得的励磁阻抗参数是折算到低压侧的数值,如果需要得到高压侧的数值,还必须将其折算到高压侧,即乘以 k^2。

(5)由于变压器铁芯的励磁特性是非线性的,空载电流和空载损耗(铁损耗)随

电压的大小而变化,即与铁芯的饱和程度有关。所以,测定空载电流和空载损耗时,应在额定电压下测量才有意义。

1.4.2 变压器短路试验

1.4.2.1 短路试验的目的

短路试验可测定变压器的以下参数:阻抗电压 U_{kN}、线圈铜损 p_{Cu}(短路损耗 p_k),短路阻抗参数 z_k、r_k、x_k。

1.4.2.2 短路试验方法

(1)短路试验时,按图 1-34 接线。

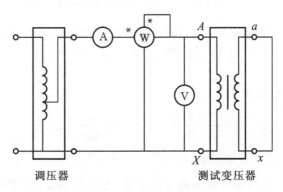

调压器　　　　　　　　　　测试变压器

图 1-34　变压器短路试验接线图

(2)为了避免使用大电流电源和更大截面的连接线,一般在高压侧加压,低压侧短路。

(3)试验时,让外施电压从零逐渐升高,直到短路电流达到容量较小一侧绕组的额定电流时为止。

(4)在 $I_k = I_N$ 时(I_N 为容量较小一侧绕组的额定电流),测量外加电压 U_{kN} 和相应的输入功率 p_k。

1.4.2.3 利用短路试验数据计算变压器参数

由于二次侧短路,电压 $U_2 = 0$,因此输出功率为零,变压器此时输入的功率称为短路损耗 p_{kN},有 $p_{kN} = p_{Cu} + p_{Fe}$。其中,p_{Cu} 为变压器一、二次绕组的铜损,p_{Fe} 为变压器铁损。变压器的铁损与磁通密度的平方成正比,铜损与电流的平方成正比。短路试验时,一、二次绕组的电流均为额定电流,铜损即为额定运行时的值。在做短路试验时,外施电压很小,一般为额定电压的 $4\% \sim 15\%$,此时主磁通 ϕ_m 和磁通密度 B_m 远远低于正常运行时的数值,所以铁损很小。此时铁损与铜损相比可以忽略不计。因此,此时的短路损耗近似地等于铜损,即 $p_{kN} \approx p_{Cu} = I_{1N}^2 r_k$。结

合简化等效电路,如图1-35所示,得

$$z_k = \frac{U_k}{I_k} = \frac{U_{kN}}{I_{1N}}, r_k = \frac{p_k}{I_k^2} = \frac{p_{kN}}{I_{1N}^2}, x_k = \sqrt{z_k^2 - r_k^2} \qquad (1-63)$$

式中,U_{kN}、p_{kN}是短路试验中电流为额定值时的外加电压和输入功率。

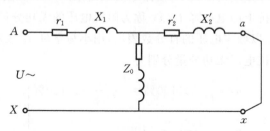

图1-35 变压器短路试验T形等效电路

在T形等效电路中,可认为

$$r_1 = r_2' = \frac{r_k}{2}, x_1 = x_2' = \frac{x_k}{2} \qquad (1-64)$$

由于变压器绕组的电阻值与温度有关,试验时的温度与实际运行时的温度不一定相同,因此按国家标准规定,应将试验时测出的电阻值换算到标准温度(75℃)时的值。

对于铜线变压器

$$r_{k75℃} = \frac{235+75}{235+\theta} r_k \qquad (1-65)$$

对于铝线变压器

$$r_{k75℃} = \frac{225+75}{225+\theta} r_k \qquad (1-66)$$

式中,θ为试验时的环境温度。

凡与r_k有关的各量,都应按相应的关系换算到75℃时的值。短路阻抗换算后为

$$z_{k75℃} = \sqrt{r_{k75℃}^2 + x_k^2} \qquad (1-67)$$

注意事项:

(1)式(1-66)中所列的各种数值,都是指的每相数值,如果是三相变压器,计算方法与单相变压器一样,但必须注意,式中的功率、电压、电流均要采用一相的数值,计算出的参数也是一相的参数。

(2)仪表量程选择原则与空载试验一样。

(3)由于试验时,二次侧短路,一次侧绝对不能直接施加额定电压,而应该从零开始逐渐升高电压,直至电流达到额定值时为止。

(4)由于短路试验是在高压侧施加电压进行的,所测得的参数已属于折算到高压侧的值。

短路试验时,先将副绕组(一般为低压绕组)短路,后在原绕组(一般为高压绕组)施加低电压,并逐渐升高电压直至副绕组中的电流等于额定值,此时原绕组处的电压称为阻抗电压。阻抗电压是指由额定电流在 $z_{k75℃}$ 上产生的压降,由简化等效电路可知 $U_{kN} = I_{1N}z_{k75℃}$。其中,短路电阻上的电压降 $I_{1N}r_{k75℃}$ 称为阻抗电压的有功分量,短路电抗上的电压降 $I_{1N}x_k$ 称为阻抗电压的无功分量。

通常阻抗电压以额定电压的百分数表示,用小写字母 u_k 表示,阻抗电压、阻抗电压有功分量、阻抗电压无功分量分别为

$$\left.\begin{array}{l} u_k = \dfrac{U_{kN}}{U_{1N}} \times 100\% = \dfrac{I_{1N}z_{k75℃}}{U_{1N}} \times 100\% \\[3mm] u_{ky} = \dfrac{I_{1N}r_{k75℃}}{U_{1N}} \times 100\% \\[3mm] u_{kw} = \dfrac{I_{1N}x_k}{U_{1N}} \times 100\% \end{array}\right\} \qquad (1-68)$$

阻抗电压是变压器的重要参数之一,从正常运行的角度来看,希望它小一些,这可使变压器二次侧电压随负载变化的波动程度小一些;而从限制短路电流的角度来看,又希望它大一些,这样,变压器在运行过程中当二次侧发生短路时,可使得短路电流不至于过大。一般中小型变压器的阻抗电压为 $4\% \sim 10.5\%$,大型变压器为 $12.5\% \sim 17.5\%$。

1.4.3 标幺制

在电网中进行实际运算时,为简化起见,各种电气参量如电压、电流、阻抗、功率等,一般都不用实际的单位表示,即不用多少伏、多少安、多少欧、多少伏安表示,而是以某一给定值作为基数的相对值表示。以这种方式表示的某个参数的数值,称为这个参数的标幺值,如电压标幺值、电流标幺值等。这种表示法称为标幺制。标幺制和百分制性质相同,但较百分制更为方便,不需把所求得的值用 100 来乘。具体地说,在百分制中,取作基数的数量为 100,而在标幺制中,取作基数的数量为 1。

在对变压器做计算时,常取额定电压作为电压的基数,取额定电流作为电流的基数,并取额定电压与额定电流的比作为阻抗的基数。对于变压器来说,由于原边绕组和副边绕组有不同的额定电压与额定电流,所以原边和副边的基数也不同,即原边各参量的基数是原边额定电压和额定电流及其派生参数(如功率、阻抗等),副边的基数是副边额定电压与额定电流及其派生参数,即

$$\left.\begin{array}{l} U_{1f} = U_{1n}, I_{1f} = I_{1n}, Z_{1f} = U_{1n}/I_{1n} \\[2mm] U_{2f} = U_{2n}, I_{2f} = I_{2n}, Z_{2f} = U_{2n}/I_{2n} \end{array}\right\} \qquad (1-69)$$

式中,U_{1f}、U_{2f} 分别为原边电压基数、副边电压基数;I_{1f}、I_{2f} 分别为原边电流基数、

副边电流基数;Z_{1f}、Z_{2f}分别为原边阻抗基数、副边阻抗基数;U_{1n}、U_{2n}、I_{1n}、I_{2n}分别为原、副边额定电压与额定电流。

用标幺值表示时,较用实际数值表示时更能说明问题。例如:说某变压器供给的负载电流为 100 A 时,我们很难断定 100 A 电流是大还是小,是轻载还是过载。但如果说某变压器供给的负载电流以标幺值表示为 1.2 时,我们马上就知道该变压器已经过载 20%,应设法尽快降低它的负载。

在用标幺值表示时,同时也起了归算的作用。因为原边的电压和电流以原边的额定值为基数,副边的电压和电流以副边的额定值为基数。原、副边双方各基数间的关系为

$$U_{1f}=kU_{2f}, \quad kI_{1f}=I_{2f}, \quad Z_{1f}=k^2 Z_{2f} \tag{1-70}$$

由于副边电压的基数是原边电压基数的 $1/k$,在取标幺值后,和原边电压比较,相当于把副边电压增大到原来的 k 倍。同理,在取标幺值后,和原边电流比较,相当于把副边电流减小到原来的 $1/k$。副边阻抗的基数是原边阻抗基数的 $1/k^2$,取标幺值后,即相当于把副边的阻抗增大到了原来的 k^2 倍。由此可见,取标幺值和归算一样,都相当于把变压器看作一台变比为 1 的变压器,即用标幺值表示时,同时也起了归算作用。

例 1-5 对于型号为 SSZ11-40000/110 的 110 kV 变压器,高中低三侧容量分别为 40000 kVA、40000 kVA、40000 kVA,电压比为 $110\pm8\times1.25\%$、$38.5\pm2\times2.5\%$、10.5;接线组别为 YN,yn0,d11;阻抗电压:高-低为 18.1%、高-中为 10.3%、中-低为 6.27%;$I_0\%$ 为 0.8%,P_0 为 23.36 kW,P_k 为 189 kW。

求:低压侧折算到高压侧 T 形等值电路各参数的欧姆值及标幺值。

解:变压器高-低的变比:$k_{13}=\dfrac{110}{\sqrt{3}\times10.5}=6$

根据空载试验数据,算出折算到高压侧的激磁参数为

$$I_{3N}=\frac{S_{3N}}{3U_{3N}}=\frac{40000}{3\times10.5}=1269.84 \text{ A}$$

$$I_0=I_{3N}\times I_0\%=1269.84\times0.008=10.159 \text{ A}$$

$$Z'_m=k_{13}^2\frac{U_{3N}}{I_0}=6^2\times\frac{10.5\times1000}{10.159}=37208.39 \text{ } \Omega$$

$$r'_m=k_{13}^2\frac{P_0}{I_0^2}=6^2\times\frac{23360}{10.159^2}=8148.42 \text{ } \Omega$$

$$x'_m=\sqrt{Z'^2_m-r'^2_m}=\sqrt{37208.39^2-8148.42^2}=36305.2 \text{ } \Omega$$

取阻抗基值

$$Z_j = U_{1N}/I_{1N} = \dfrac{\dfrac{110}{\sqrt{3}} \times 1000}{\dfrac{S_{1N}}{\sqrt{3}U_{1N}}} = \dfrac{63510.39}{209.95} = 302.5$$

则激磁参数的标幺值为

$$Z'_{m*} = \frac{37208.39}{302.5} = 123$$

$$r'_{m*} = \frac{8148.42}{302.5} = 26.94$$

$$x'_{m*} = \frac{36305.2}{302.5} = 120.02$$

1.5 变压器的工作特性

变压器负载运行时,标志变压器性能的主要指标是电压调整率(又称电压变化率)和效率。电压调整率是变压器供电的质量指标;效率是变压器运行时的经济指标。

1.5.1 电压调整率和外特性

1.5.1.1 电压调整率

变压器一次侧施加额定电压、二次侧开路时,二次侧空载电压就等于二次侧额定电压。带上负载后,由于在内部的漏抗上要产生压降,二次侧输出电压就要改变。二次侧电压变化的大小,用电压变化率 ΔU 来表示。

所谓电压变化率,是指当变压器的一次侧施加额定电压,空载时的二次侧电压 U_{20} 与在给定负载功率因数下带负载时二次侧实际电压 U_2 之差($U_{20} - U_2$),与二次侧额定电压 U_{2N} 的比值,即

$$\Delta U = \frac{U_{20} - U_2}{U_{2N}} \tag{1-71}$$

也可写成

$$\Delta U = \frac{k(U_{20} - U_2)}{kU_{2N}} = \frac{U_{1N} - U'_2}{U_{1N}} = 1 - U_{2*} \tag{1-72}$$

电压调整率是变压器的主要性能指标之一,它反映了供电电压的质量(电压的稳定性)。电压调整率可根据变压器的参数、负载的性质和大小,由简化向量图求出。

图 1-36 是带感性负荷时变压器的简化向量图。ΔU 与阻抗标幺值的关系可

以通过作图法求出。延长 OC，以 O 为圆心，OA 为半径画弧，交 OC 于延长线上 P 点，作 $BF \perp OP$，作 $AE // BF$，并交 OP 于 D 点，取 $DE = BF$，则

$$U'_{1N} - U'_2 = OP - OC = CF + FD + DP$$

因为 DP 很小，可忽略不计，又因为 $FD = BE$，故

$$U'_{1N} - U'_2 = CF + BE = CB\cos\varphi_2 + AB\sin\varphi_2$$
$$= I_1 r_k \cos\varphi_2 + I_1 x_k \sin\varphi_2$$

则

$$\Delta U = \frac{U'_{1N} - U'_2}{U_{1N}} = \frac{I_1 r_k \cos\varphi_2 + I_1 x_k \sin\varphi_2}{U_{1N}}$$

又因为

$$I_1 = \frac{I_1}{I_{1N}} I_{1N} = \beta I_{1N}$$

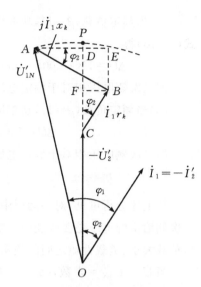

图 1-36　带感性负荷时变压器的
简化向量图

于是可得

$$\Delta U = \frac{\beta I_{1N} r_k \cos\varphi_2 + \beta I_{1N} x_k \sin\varphi_2}{U_{1N}}$$

$$= \frac{\beta(r_k \cos\varphi_2 + x_k \sin\varphi_2)}{U_{1N} / I_{1N}}$$

$$= \beta(r_k^* \cos\varphi_2 + x_k^* \sin\varphi_2) \qquad\qquad (1-73)$$

从式（1-73）可以看出，变压器负载运行时的电压调整率与变压器所带负载的大小 β、负载的性质 $\cos\varphi_2$ 及变压器的阻抗参数 r_k、x_k 有关。在实际变压器中，x_k^* 比 r_k^* 大很多倍，故带纯电阻负载时 $\cos\varphi_2 = 1$，电压调整率很小；带感性负载时 $\varphi_2 > 0$，ΔU 为正值，说明这时变压器二次侧电压比空载时低；带容性负载时 $\varphi_2 < 0$，$\sin\varphi_2$ 为负值，当 $|x_k^* \sin\varphi_2| > r_k^* \cos\varphi_2$ 时，ΔU 为负值，此时二次侧电压比空载时高。

例 1-6　变压器的参数同例 1-5，且 $r_{k(75℃)}^* = 0.008$，$x_{k(75℃)}^* = 0.052$，求在额定负载时，功率因数为（1）$\cos\varphi_2 = 0.8$（感性），（2）$\cos\varphi_2 = 0.8$（容性），（3）$\cos\varphi_2 = 1$ 三种情况下的电压调整率。

解：（1）当额定负载（$\beta = 1$），功率因数 $\cos\varphi_2 = 0.8$（感性）时，则 $\sin\varphi_2 = 0.6$，代入式（1-73）得

$$\Delta U = 1 \times (0.008 \times 0.8 + 0.052 \times 0.6) = 0.0387 = 3.87\%$$

即二次侧电压相对于额定电压降低了 3.87%。

(2)当额定负载($\beta=1$),功率因数 $\cos\varphi_2=0.8$(容性)时,则 $\sin\varphi_2=-0.6$,代入式(1-73)得

$$\Delta U=1\times(0.008\times0.8-0.052\times0.6)=-0.0248=-2.48\%$$

即二次侧电压相对于额定电压升高了 2.48%。

(3)当额定负载($\beta=1$),功率因数 $\cos\varphi_2=1$ 时,则 $\sin\varphi_2=0$,代入式(1-73)得

$$\Delta U=1\times0.008\times1=0.008=0.8\%$$

即二次侧电压相对于额定电压降低了 0.8%。

1.5.1.2　外特性

从上述分析可见,对一运行中的变压器,随负载的性质和大小的不同,变压器二次侧输出的电压是要改变的。变压器的外特性就是描述二次侧输出电压的大小与负载大小、负载性质之间的关系的。

当 $U_1=U_{1N}=$ 常数,$\cos\varphi_2=$ 常数时,二次侧输出电压随负载电流变化的规律 $U_2=f(I_2)$,如图 1-37 所示。

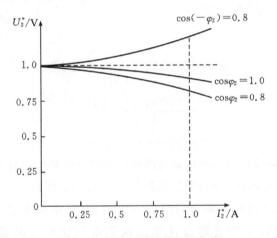

图 1-37　变压器的外特性曲线

如图 1-37 所示,纵、横坐标可用实际值 U_2、I_2 表示,也可用标幺值 U_2^*、I_2^* 表示。从图中可以看出,变压器在纯电阻负载时,电压变化比较小;在感性负载时,电压变化较大;而在容性负载时,电压变化可能是负值,即随着负载电流的增加,变压器二次侧输出电压会上升。

而当一次侧电压一定,$U_1=U_{1N}$,负载一定时,变压器二次侧输出电压变化随功率因数的减小而增大,如图 1-37 所示。这在实用上是很重要的曲线,从图中可知,在容性负载时 $\varphi_2<0$,二次侧输出电压升高,电压变化率是负值,这和负载向量图的结果是一致的。同样可见,在感性负载时 $\varphi_2>0$,二次侧输出电压下降,电压

变化率是正值;在纯电阻负载时 $\varphi_2=0$,二次侧电压也下降,但变化较小。

1.5.2　变压器的电压调整

从上述分析可见,变压器运行时,二次侧输出电压随负载变化而变化。但如果电压变化太大,会给用户带来不良影响,因此,为了保证输出电压在一定范围内变化,就必须进行电压调整。变压器调压的原理是

$$\frac{U_1}{U_2}=\frac{W_1}{W_2}$$

变压器的高压侧线圈设有抽头,通过调整变压器高压侧线圈的匝数就可对二次侧的输出电压进行调整。变压器一次侧所施电压 U_1 的大小由电源决定,可看作是一常数,输出电压 $U_2=(W_2/W_1)U_1$。

若变压器为升压变压器,W_2 为高压绕组匝数,则可通过调整 W_2 对输出电压 U_2 进行调整,W_2 增加则 U_2 增大,反之 U_2 减小。由于这时电源侧 U_1、W_1 为定数,磁通不变,因此这种调压方式为恒磁通调压。

若变压器为降压变压器,W_1 为高压绕组匝数,则可通过调整 W_1 对输出电压 U_2 进行调整,W_1 增加则 U_2 减小,反之 U_2 增大。由于这时电源侧 W_1 改变,调整电压时磁通会发生改变,因此这种调压方式为变磁通调压。

变压器的分接头之所以在高压绕组侧抽出,是因为高压绕组通常套在最外面,分接头引出方便;其次,高压侧电流小,分接线和分接开关的载流部分截面小,制造方便,运行中也不容易发生故障。

对于小容量变压器线圈一般设有 5 个抽头,即 U_N 和 $U_N\pm2\times2.5\%U_N$ 的抽头,对于容量稍大一些的变压器,线圈一般设有 15 个抽头,即 $U_N\pm8\times1.5\%U_N$ 或 $U_N\pm8\times1.25\%U_N$ 的抽头(因调压线圈存在一个正、反接线,有三个挡位是相同的变比,所以不是 17 个抽头,而是 15 个抽头)。因此,小容量变压器的输出电压可通过分接开关在额定电压 $\pm2\times2.5\%$ 范围内进行调压。常见的无励磁调压分接开关有中性点调压和中部调压两种方式,以三个分接头为例,其原理接线图如图 1-38 所示。

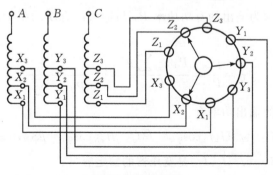

(a)三相中性点调压

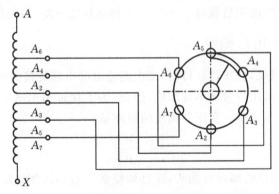

(b)三相中部调压(只示一相)

图 1-38 无励磁分接开关原理接线图

1.5.3 效率

变压器在传送功率时,存在着两种基本损耗。其一是铜损耗,它是一、二次绕组中的电流流过相应的绕组电阻形成的,其大小为

$$p_{Cu} = I_1^2(r_1 + r_2') = \left(\frac{I_1}{I_{1N}}\right)^2 I_{1N}^2 r_k = \beta^2 p_{kN}$$

该式表明,变压器的铜损耗等于负载系数的平方与额定铜损耗的乘积,即铜损耗与负载的大小有关,所以铜损耗又称为可变损耗。

另一种是铁损耗,它包括涡流损耗和磁滞损耗两部分。关于铁损耗的大小,前面已做了分析,当电源电压不变时,变压器主磁通幅值基本不变,铁损耗也是不变的,而且近似地等于空载损耗。因此,又把铁损耗称为不变损耗。

此外,还有一些数值很小的其他损耗,统称为附加损耗,计算变压器的效率时往往忽略不计。因此,变压器的总损耗 $\sum p$ 为

$$\sum p = p_{Cu} + p_{Fe} = \beta^2 p_{kN} + p_0 \tag{1-74}$$

变压器的效率为输出的有功功率 P_2 与输入的有功功率 P_1 之比,用 η 表示,其计算式为

$$\eta = \frac{P_2}{P_1} = \frac{P_1 - \sum p}{P_1} = 1 - \frac{\sum p}{P_2 + \sum p} \tag{1-75}$$

对于变压器的输出功率有

$$P_2 = \sqrt{3} U_2 I_2 \cos\varphi_2 \approx \sqrt{3} U_{2N} \beta I_{2N} \cos\varphi_2 = \beta S_N \cos\varphi_2 \tag{1-76}$$

式中,$U_2 \approx U_{2N}$,$S_N = \sqrt{3} U_{2N} I_{2N}$ 是变压器的额定容量。

将式(1-74)和式(1-76)代入式(1-75)中,则得到变压器效率的实用计

算式

$$\eta = 1 - \frac{p_0 + \beta^2 p_{kN}}{\beta S_N \cos\varphi_2 + p_0 + \beta^2 p_{kN}} \tag{1-77}$$

对于给定的变压器, p_0 和 p_{kN} 是一定的,可以通过空载试验和短路试验测定。由式(1-77)不难看出,当负载的功率因数也一定时,效率只与负载系数有关,可用如图1-39所示的曲线表示。

由图1-39中的效率曲线可知,变压器的效率有一个最大值 η_m。进一步的数学分析证明,当变压器的铜损耗等于空载损耗时($p_0 = \beta^2 p_{kN} = p_{Cu}$),变压器的效率达到最大值。

所以有

$$\beta_m = \sqrt{\frac{p_0}{p_{kN}}}$$

式中, β_m 是效率最高时的负载系数。不难看出,当 $\beta < \beta_m$ 时,变压器的效率急剧下降,而当 $\beta > \beta_m$ 时,变压器的效率下降得不多。所以,要提高变压器的运行效率,不能让变压器在较低的负荷下运行。

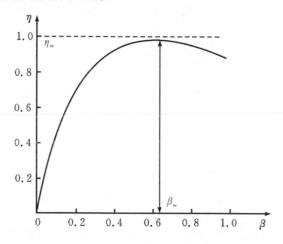

图1-39 变压器的效率曲线

例1-7 某工厂采用一台 S9-1600/10 型变压器供电,容量为 1600 kVA, $U_1/U_2 = 10$ kV/0.4 kV, $I_1/I_2 = 92.4$ A/2309.5 A,空载损耗 $p_0 = 2.4$ kW,短路损耗 $p_{kN} = 14.5$ kW。当输出电流 $I_2 = 1500$ A 时,分别求 $\cos\varphi_2 = 0.8$ 时的效率及 $\cos\varphi_2 = 1$ 时的最高效率。

解:(1)变压器的负载系数

$$\beta = \frac{I_2}{I_{2N}} = \frac{1500}{2309.5} = 0.65$$

(2)$\cos\varphi_2 = 0.8$ 时变压器的运行效率

$$\eta = 1 - \frac{p_0 + \beta^2 p_{kN}}{\beta S_N \cos\varphi_2 + p_0 + \beta^2 p_{kN}}$$

$$= 1 - \frac{2.4 + 0.65^2 \times 14.5}{0.65 \times 1600 \times 0.8 + 2.4 + 0.65^2 \times 14.5}$$

$$= 0.9899$$

(3)最高效率时的负载系数 β_m

$$\beta_m = \sqrt{\frac{p_0}{p_{kN}}} = \sqrt{\frac{2.4}{14.5}} = 0.407$$

(4)$\cos\varphi_2 = 1$ 时的最高效率 η_m

$$\eta_m = 1 - \frac{2p_0}{\beta_m S_N \cos\varphi_2 + 2p_0}$$

$$= 1 - \frac{2 \times 2.4}{0.407 \times 1600 + 2 \times 2.4}$$

$$= 0.9927$$

第 2 章　变压器正常运行

变压器处于特定的运行环境,保持正常的运行状态,进行必要的日常保养和维护,才能保证变压器的安全、稳定、可靠运行,才能确保变压器达到它的设计使用寿命。本章介绍了变压器的各种运行方式及相关要求、中性点接地方式及带来的影响、日常维护的要点等内容。

2.1　变压器运行方式

2.1.1　单台运行

单台运行是指一台变压器单独地向负荷供电。变电站中采用单台变压器运行方式的为数不少,特别是在边远山区,负荷小的一些小容量变电站中,采用这种运行方式的更多。即使是 220 kV 级的变电站,在规划负荷没有增长到应有的数量之前,或者是在总负荷较低的一段时间内,也有采用单台变压器运行的。

单台运行方式的缺点是供电可靠性差,如因变压器故障停运,则所有负荷的供电都将中断。

2.1.2　分列运行

变压器分列运行是变电站典型的运行方式,这种运行方式通常是为降低故障状态下的短路电流而设计的。特别是 220 kV 变电站有 10 kV 出线时,采用这种运行方式的居多,有些 66 kV 和 110 kV 变电站,当 10 kV 出线设备动、热稳定校验不能满足要求时,也采用分列运行方式。

如图 2-1 所示,当断路器 QF_5 处于分断位置时,该变电站的变压器 1 和变压器 2 就是分列运行。

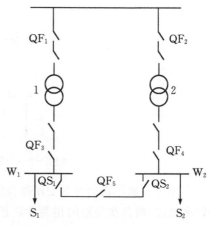

图 2-1　变压器分列运行方式接线图

2.1.2.1 分列运行方式

这种运行方式是在正常供电的情况下,将低压母线的联络开关 QF_5 分断,两组变压器各自供给自己的负荷 S_1 和 S_2。在分列运行方式下,由于两台变压器在低压侧没有电气连接,因此,在短路故障条件下,短路电流比并列运行方式时要小约 50%。这种运行方式的优点是,在电气设备的选择中,可以选择短路开断能力和短路耐受能力较低的电气设备。或者在选择同等设备的条件下,可以增加开关设备的动稳定耐受和热稳定耐受的安全裕度。这种运行方式的缺点是供电可靠性有所降低。

2.1.2.2 主备运行方式

主备运行方式是指,当轻载时,变压器停运一组,如图 2-1 所示,接通低压母线的联络开关 QF_5,所有负荷 S_1 和 S_2 由一组变压器供电。分列运行和主备运行方式有下列两个问题:其一是在什么负荷下采用分列运行是合理的,即求出分列运行方式和主备运行方式之间的临界负荷;其二是要解决变压器在主备运行方式下,一旦运行变压器发生故障跳闸,备用变压器要能立刻投入运行,也就是要装有备自投装置。

2.1.3 并列运行

我国电网中,绝大部分的变电站采用变压器并列运行方式,其中 220 kV、110 kV 变电站更是如此。并列运行方式的典型接线图如图 2-2 所示,也就是图 2-1 所示电气接线图中两台变压器同时运行且 QF_5 处于合闸位置的情况。在并列运行方式下,正常运行时,两台变压器通过母线联合向负荷供电。

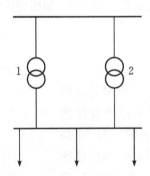

图 2-2 变压器并列运行方式接线图

为使参加并联运行的变压器都能得到安全、可靠、充分地利用,而且损耗最小、效率最高,两台变压器的相关参数必须满足以下条件:

(1) 各侧绕组额定电压应相等;

(2) 阻抗电压即短路阻抗应相等;

（3）连接组别必须相同。

《DL 572—2010 电力变压器运行规程》规定：变压器电压比不等时，并联运行中的差值不允许超过±5%；并联运行时变压器的短路电压比不应超过 10%；最大容量与最小容量之比不宜超过 3∶1。

如果两台变压器的电压比和阻抗电压相等，但连接组别不同，此时若并联运行，会因连接组别不同，使两台变压器二次绕组电压的相位不同，产生很大的电压差，这个电压差在二次绕组中产生的短路电流比额定电流大得多，会导致变压器烧毁。

例 2-1 一台容量为 40000 kVA、电压为 110±8×1.25%/38.5±2×2.5%/10.5 kV、短路阻抗百分比分别是：高-低为 18.25%、高-中为 10.06%、中-低为6.49% 的变压器Ⅰ与另一台容量为 50000 kVA、电压为 110±8×1.25%/38.5±2×2.5%/10.5 kV、短路阻抗百分比分别是：高-低为 18.11%、高-中为 10.54%、中-低为 6.36% 的变压器Ⅱ并联运行，其他并联条件都满足。当调节变压器Ⅰ高压侧分接开关到−8 档（即电压为额定值的−10%），变压器Ⅱ高压侧分接开关到+8 档（即电压为额定值的+10%），中压侧分接开关均为额定档位时，求：(1)两台变压器高-中压并列，低压绕组分列时，变压器空载的环流。(2)两台变压器高-低压并列，中压绕组分列时，变压器空载的环流。

解：此时，变压器Ⅰ的电压为：99/38.5/10.5 kV；变压器Ⅱ的电压为：121/38.5/10.5 kV。

(1)空载时，两变压器高压对中压侧环流计算。

$$\Delta E_{HM} = \Delta U_{HM} = 121 - 99 = 22 \text{ kV}$$

变压器Ⅰ的短路阻抗为

$$X_{HMⅠ} = \frac{U_{HMⅠ}\%}{100} \times \frac{U_{NⅠ}}{\sqrt{3}\, I_{NⅠ}} = \frac{U_{HXⅠ}\%}{100} \times \frac{U_{NⅠ}^2}{S_{NⅠ}} = \frac{10.06}{100} \times \frac{99000^2}{40000000} = 24.65 \text{ Ω}$$

变压器Ⅱ的短路阻抗为

$$X_{HMⅡ} = \frac{U_{HMⅡ}\%}{100} \times \frac{U_{NⅡ}}{\sqrt{3}\, I_{NⅡ}} = \frac{U_{HXⅡ}\%}{100} \times \frac{U_{NⅡ}^2}{S_{NⅡ}} = \frac{10.54}{100} \times \frac{121000^2}{50000000} = 30.86 \text{ Ω}$$

$$I_{HMh} = \frac{\Delta E_{HM}}{Z_{kHMⅠ} + Z_{kHMⅡ}} = \frac{22000}{24.65 + 30.86} = \frac{22000}{55.51} = 396.325 \text{ A}$$

第Ⅰ、Ⅱ台变压器高压侧额定电流为

$$I_{NⅠ} = \frac{S_{NⅠ}}{\sqrt{3}\, U_{NHⅠ}} = \frac{40000}{\sqrt{3} \times 110} = 209.95 \text{ A}$$

$$I_{NⅡ} = \frac{S_{NⅡ}}{\sqrt{3}\, U_{NHⅠ}} = \frac{50000}{\sqrt{3} \times 110} = 262.44 \text{ A}$$

流过高压绕组的环流占第Ⅰ台变压器高压侧额定电流的百分数为

$$\frac{396.325}{209.95}\times100\%=188.77\%$$

流过高压绕组的环流占第Ⅱ台变压器高压侧额定电流的百分数为

$$\frac{396.325}{262.44}\times100\%=151.02\%$$

即:流过高压绕组的环流是第Ⅰ台变压器高压侧额定电流的近 1.9 倍,是第Ⅱ台变压器高压侧额定电流的 1.5 倍。也就是说,这两台变压器并联后,在没有带负载的情况下就都已经严重过载。

(2)空载时,两变压器高压对低压侧环流计算。

$$\Delta E_{HL}=\Delta U_{HL}=121-99=22\ kV$$

变压器Ⅰ的短路阻抗为

$$X_{HL\,I}=\frac{U_{HL\,I}\%}{100}\times\frac{U_{N\,I}}{\sqrt{3}\,I_{N\,I}}=\frac{U_{HX\,I}\%}{100}\times\frac{U_{N\,I}^{2}}{S_{N\,I}}=\frac{18.25}{100}\times\frac{99000^{2}}{40000000}=44.7\ \Omega$$

变压器Ⅱ的短路阻抗为

$$X_{HL\,II}=\frac{U_{HL\,II}\%}{100}\times\frac{U_{N\,II}}{\sqrt{3}\,I_{N\,II}}=\frac{U_{HX\,II}\%}{100}\times\frac{U_{N\,II}^{2}}{S_{N\,II}}=\frac{18.11}{100}\times\frac{121000^{2}}{50000000}=53\ \Omega$$

$$I_{HLh}=\frac{\Delta E_{HML}}{Z_{kHL\,I}+Z_{kHL\,II}}=\frac{22000}{44.7+53}=\frac{22000}{97.7}=225.2\ A$$

流过高压绕组的环流占第Ⅰ台变压器高压侧额定电流的百分数为

$$\frac{225.2}{209.95}\times100\%=107.26\%$$

流过高压绕组的环流占第Ⅱ台变压器高压侧额定电流的百分数为

$$\frac{225.2}{262.44}\times100\%=85.81\%$$

即:流过高压绕组的环流是第Ⅰ台变压器高压侧额定电流的近 1.1 倍,是第Ⅱ台变压器高压侧额定电流的近 0.86 倍。也就是说,这两台变压器并联后,在没有带负载的情况下,一台已经过载,另一台已接近满载。

综上所述,在变压器变比不等的情况下并联运行,变压器之间会产生环流,并产生额外的功率损耗。负载时,由于环流的存在,使变比小的变压器电流大,可能过载,变比大的变压器电流小,可能欠载,这就限制了变压器的输出功率,变压器的容量不能得到充分利用。因此,当变比稍有不同的变压器需要并联运行时,容量大的变压器宜具有较小的变比。

2.1.4 各种变压器运行方式的优缺点

变压器单台运行、分列运行和并列运行方式分别有各自的优缺点,详见表 2-1。

表 2-1 几种变压器运行方式的比较

运行方式	优　点	缺　点
单台运行	(1)能满足边远山区小容量变电站的需要; (2)在变电站的规划负荷没有增长到应有的数量之前,可采用单台运行	供电可靠性差,当变压器故障、检修、停运时,所有负荷的供电都将中断
分列运行	(1)供电接线方式简单; (2)能够根据负荷情况方便部署供电线路; (3)短路故障电流较小	供电可靠性较差,变压器发生故障时无法保障供电
并列运行	(1)经济性好,当负荷增加到一台变压器容量不够用时,可并列投入第二台变压器,而当负荷减少到不需要两台变压器同时供电时,可将一台变压器退出运行; (2)供电可靠性高,当并列运行的变压器中有一台损坏时,可迅速将之从电网中切除,另一台或两台变压器仍可正常供电;检修某台变压器时,不影响并列运行的其他变压器正常运行; (3)节约电能,变压器的负载率在 60% 左右时,其运行效率最高,所以并列运行可根据负荷情况,调整运行方式,达到节约电能,实现节电的目的	(1)并列运行要求严格,必须满足并列运行的条件; (2)如果并列运行的变压器参数匹配不是很严格,会造成系统损耗较大,在极端情况下甚至增加故障概率

例 2-2 某用户由 10 kV 电源供电,受电容量 200 kVA,由两台 10 kV 同系列 100 kVA 节能变压器并列运行,其单台变压器损耗 $P_0=0.25$ kW, $P_K=1.15$ kW。某月,因负荷变化,两台变压器负荷率都只有 40%,问该用户是否有必要向供电公司申请暂停一台受电变压器?

解:两台变压器并列运行受电时,其损耗为

$$P_{Fe}=2\times0.25=0.5 \text{ kW}$$

$$P_{Cu}=2\times1.15\times\left(\frac{40}{100}\right)^2=0.368 \text{ kW}$$

$$P_{\Sigma}=P_{Fe}+P_{Cu}=0.5+0.368=0.868 \text{ kW}$$

若暂停一台变压器,其损耗为

$$P'_{Fe}=0.25 \text{ kW}$$

$$P'_{Cu}=1.15\times\left(\frac{80}{100}\right)^2=0.736 \text{ kW}$$

$$P'_{\Sigma}=P'_{Cu}+P'_{Fe}=0.25+0.736=0.986 \text{ kW}$$

第 2 章　变压器正常运行

$$P'_{\Sigma}>P_{\Sigma}$$

因此,由于该用户用电执行单一制电价,不存在基本(容量)电费支出,若停用一台配电变压器后,变压器损耗电量反而增大,故不宜申请暂停一台配变。

2.2 变压器空载和负载运行

2.2.1 变压器空载运行

如图 2-3 所示,变压器的一次绕组接电源,二次绕组开路,即二次绕组中没有电流,一次绕组电流 $I_1=I_{10}$ 的运行状态称为变压器空载。空载时的变压器相当于交流电感线圈,其特点是交流电源电压 U 近似地与铁芯中交流主磁通 Φ 在绕组中所感应的交流感应电动势 E_1 相平衡,即在漏磁通 Φ_{σ_1} 很小、绕组电阻也很小的情况下,电源电压 $U_1=E_1$,其有效值为

$$U_1\approx E_1=4.44fN_1\Phi_m \qquad (2-1)$$

式中,f 为电源频率,N_1 为一次绕组匝数,Φ_m 为交流主磁通最大值。

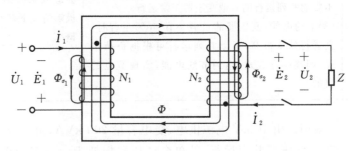

图 2-3　变压器工作原理

对于式(2-1),也可以通过以下分析得出。在一个周期内主磁通由 $+\Phi_m$ 变成反方向的 $-\Phi_m$,然后又从 $-\Phi_m$ 变成 $+\Phi_m$,也就是在一周期内主磁通变化的绝对值是 $4\Phi_m$,其平均变化率为 $4\Phi_m/T$,由于绕组有 N_1 匝,于是一次绕组中感应电动势的平均值为

$$E_{1cp}=4N_1\frac{\Phi_m}{T}=4fN_1\Phi_m \qquad (2-2)$$

可以证明正弦交流电量有效值和平均值之比为 1.11,于是有

$$E_1=1.11E_{1cp}=4.44fN_1\Phi_m \qquad (2-3)$$

由于套在铁芯上的二次绕组同样也受到主磁通的电磁感应作用,所以二次绕组中的感应电动势 E_2 为

$$E_2=1.11E_{2cp}=4.44fN_2\Phi_m \qquad (2-4)$$

式中，N_2 为二次绕组匝数。

在空载情况下，二次绕组的端电压 U_2 以 U_{20} 表示，U_{20} 就等于 E_2。这样，一次绕组与二次绕组的电压比就等于两个绕组的匝数比，称为变压比，简称变比，用 k 表示，即

$$\frac{U_1}{U_{20}} = \frac{E_1}{E_2} = \frac{N_1}{N_2} = k \tag{2-5}$$

2.2.2 变压器负载运行

变压器的一次绕组接电源，二次绕组与用电负载接通，在感应电动势 E_2 作用下，负载电路中产生电流 I_2 的运行状态称为负载运行，此时一次绕组中的电流由空载时的 I_{10} 增加为 I_1。

在分析负载运行时，必须掌握一个原则，即变压器的一次绕组是并联在电源上的，而电源电压是恒定的，在任意时刻，一次绕组中的感应电动势以及主磁通必然是恒定的，无论空载、恒定负载还是变化负载都不例外，这就是恒磁通原则。在铁芯中既然磁通是恒定的，产生磁通的磁通势也应该是恒定的。也就是说，变压器空载时的磁通势必须等于负载时的磁通势，即

$$N_1 I_{10} = N_1 I_1 + N_2 I_2 \approx 0 \tag{2-6}$$

由于空载时一次绕组电流 I_{10} 极小，如 500 kV 变压器，I_{10} 仅占额定电流的 $0.15\% \sim 0.3\%$[8]，可以近似认为 $N_1 I_{10} \approx 0$，这样可得

$$I_1 = -\frac{N_2}{N_1} I_2 = -\frac{I_2}{k} \tag{2-7}$$

也就是说，一次绕组和二次绕组中的电流之比为匝数比的倒数，式（2-7）中的负号表示 I_1 与 I_2 的相位是相反的。

在负载情况下，一次绕组与二次绕组的视在功率是相等的，即

$$S_1 = U_1 I_1 = \frac{k U_2 I_2}{k} = U_2 I_2 = S_2 \tag{2-8}$$

实际的负载阻抗 $Z_L = \dfrac{U_2}{I_2}$，通过变压器的电磁耦合，反映在电源电路中的等效阻抗 Z'_L 上为

$$Z'_L = \frac{U_1}{I_1} = \frac{k U_2}{\dfrac{I_2}{k}} = \frac{k^2 U_2}{I_2} = k^2 Z_L \tag{2-9}$$

也就是说，在变压器二次绕组端接入负载阻抗 Z_L，对于电源来说，其效果就与在电源电路中接入阻抗 Z'_L 一样。

虽然变压器的一次绕组和二次绕组在电路上是隔离的，但是通过主磁通的耦合，实现了不同电压的电路之间的电能传输，而且还有变换电压、电流、阻抗的作

用。同时,当二次绕组有电流及功率输出时,依赖于磁通势平衡,一次绕组必然有相应的电流及功率输入,二者始终保持着一种平衡关系。

例2-3 两台变压器并联运行,它们的参数为:

$S_{NI} = 1800 \text{ kVA}$, Y, d11 联接,$U_1/U_{2N} = 35 \text{ kV}/10 \text{ kV}$,短路阻抗:$U_{KI} = 0.0825$;

$S_{NII} = 1000 \text{ kVA}$, Y, d11 联接,$U_1/U_{2N} = 35 \text{ kV}/10 \text{ kV}$,短路阻抗:$U_{KII} = 0.0675$。

求:(1)当总负载为 2800 kVA 时,每台变压器承担的负载是多少?

(2)欲不使任何一台变压器过载,最多能供给多大负载?

(3)当第一台变压器达到满载时,第二台变压器的负载是多少?

解:(1)设两台并联变压器所带总负载 $S = S_1 + S_2$,S_1、S_2 分别是总负载为 S 时,第一台变压器承担的负载是

$$S_1 = S \times \frac{\dfrac{U_{KII}}{S_{NII}}}{\dfrac{U_{KI}}{S_{NI}} + \dfrac{U_{KII}}{S_{NII}}}$$

$$= S \times \frac{\dfrac{0.0675}{1000}}{\dfrac{0.0825}{1800} + \dfrac{0.0675}{1000}}$$

$$= 0.5956 \times S = 0.5956 \times 2800 = 1667.65 \text{ kVA}$$

第二台变压器承担的负载是

$$S_2 = S \times \frac{\dfrac{U_{KI}}{S_{NI}}}{\dfrac{U_{KI}}{S_{NI}} + \dfrac{U_{KII}}{S_{NII}}}$$

$$= S \times \frac{\dfrac{0.0825}{1800}}{\dfrac{0.0825}{1800} + \dfrac{0.0675}{1000}}$$

$$= 0.4044 \times S = 0.4044 \times 2800 = 1132.35 \text{ kVA}$$

此时,两台变压器的负载率分别是

$$b_I = \frac{1667.65}{1800} = 0.926 = 92.6\%$$

$$b_{II} = \frac{1132.35}{1000} = 1.132 = 113.2\%$$

由计算结果可知,变压器 I 只达到额定容量的 92.6%,而变压器 II 已过载

13.2%。

（2）为使任何一台变压器都不过载，应取 $\beta_{II}=1$，这时可供总的负载为

$$S=\frac{S_{NII}}{0.4044}=\frac{1000}{0.4044}=2472.8 \text{ kVA}$$

$$b_I=\frac{0.5956\times S}{1800}=\frac{0.5956\times2472.8}{1800}=\frac{1472.8}{1800}=0.818=81.8\%$$

计算结果表明，此时最多能供 2472.8 kVA 的负载，小于两台变压器容量之和，变压器 I 尚有 18.2% 的容量得不到利用。

（3）这时 $\beta_1=1$，两台并联运行的变压器承担的总负载是

$$S=\frac{S_{NI}}{0.5956}=\frac{1800}{0.5956}=3022.16 \text{ kVA}$$

此时，第二台变压器承担的负载是

$$S_2=0.4044\times S=0.4044\times3022.16=1222.16 \text{ kVA}$$

可见，短路电压标幺值大的变压器达到满载时，短路电压标幺值小的变压器处于过载状态，过载量为其容量的 2.22%。

例 2-4 有两台容量为 100 kVA 的变压器并列运行，第一台变压器的短路阻抗为 4%，第二台变压器的短路阻抗为 5%，求两台变压器并列运行时，负载分配的情况。

解： 已知，$S_{1N}=S_{2N}=100 \text{ kVA}$，$U_{1D}\%=4\%$，$U_{2D}\%=5\%$，则：

第一台变压器分担的负荷为

$$S_1=\frac{S_{1N}+S_{2N}}{\dfrac{S_{1N}}{U_{1D}\%}+\dfrac{S_{2N}}{U_{2D}\%}}\times\frac{S_{1N}}{U_{1D}\%}=\frac{200}{\dfrac{100}{4}+\dfrac{100}{5}}\times\frac{100}{4}=111.11 \text{ kVA}$$

第二台变压器分担的负荷为

$$S_2=\frac{S_{1N}+S_{2N}}{\dfrac{S_{1N}}{U_{1D}\%}+\dfrac{S_{2N}}{U_{2D}\%}}\times\frac{S_{2N}}{U_{2D}\%}=\frac{200}{\dfrac{100}{4}+\dfrac{100}{5}}\times\frac{100}{5}=88.89 \text{ kVA}$$

因此，第一台变压器因短路阻抗小而过负荷，第二台变压器因短路阻抗大而出力不足。

2.3 变压器中性点接地方式

2.3.1 中性点接地方式的种类

中性点接地方式的选择涉及技术、经济、安全等多方面，是一个综合性问题。由于各国电网的规模、可靠性要求等因素的不同，各个国家对这个问题的处理方式

也不尽相同。电网中变压器的中性点与地的连接方式可以分为大接地电流系统和小接地电流系统,前者又分为直接接地、经小电阻接地和小电抗接地,后者也可分为中性点不接地系统、中性点经消弧线圈或高电阻接地系统。其中,直接接地可分为部分接地(有效接地)和全部接地(极有效接地)两种。

阻抗或接地电流的大小是相对的,因而需要用一个确切的指标来表示系统接地的有效性。通常是设定系统在各种条件下的零序阻抗 Z_0 和正序阻抗 Z_1 的比值 $K=Z_0/Z_1$,当 $K \leqslant 3$ 时,该接地系统为有效接地系统,K 越小,单相接地时的健全相电压越低,而单相接地电流与三相短路电流之比越大。

变压器中性点接地方式是一个很重要的综合性问题,它不仅涉及电网的经济性、可靠性,以及过电压水平和系统短路电流的大小,而且对通信干扰、人身安全有重要影响。

在我国,10 kV、35 kV、66 kV 电压等级的电网主要作为配电网,考虑到对供电可靠性的要求高,一般采用不接地方式或经消弧线圈接地方式。在 20 世纪 80 年代后期,随着电缆在城市配网中的大量使用,发生单相接地后形成永久接地故障的概率增加,一些城市和地区配电网采用了小电阻或高电阻接地方式,使系统发生单相接地故障后直接跳闸。

超高压输电网的发展,特别是 500 kV 超高压自耦变压器已在电网中广泛应用,但也带来了一些新问题,随着电网的扩大,大型、特大型变电站布点增多,中性点直接接地方式使电网的零序阻抗急剧下降,单相短路电流已超过三相短路电流,在这种情况下,采用变压器经小电抗接地技术便应运而生。

下面对变压器中性点的接地方式选择及其适用场合、利弊进行详细论述。

2.3.2　不同接地方式的比较

2.3.2.1　中性点经电阻接地

在电网中性点与地之间接入电阻,或者接一个单相辅助变压器,在其二次侧接电阻,其优点是:

(1)将单相接地短路电流限制在较小的范围内,基本上消除了产生间歇性弧光接地过电压的可能。可以有效降低健全相过电压水平,发生异地两相接地的可能性很小。

(2)发生单相接地短路时,故障线路的自动检出较易实现。

(3)能有效预防谐振过电压的产生。

其缺点是:

(1)供电可靠性降低。中性点经低值或中值电阻接地的电网,每当系统发生单相接地短路时,故障线路将跳闸,使供电中断。

(2)线路断路器动作频繁,维护检修工作量增加。同时,也增加了对中性点电阻器的维护检修工作。

(3)增加中性点电阻器,在发生单相接地短路时,将增大电网损耗。

2.3.2.2 中性点经消弧线圈接地

消弧线圈是一个可调电感线圈,装设于变压器中性点。

变压器三相对称运行时,变压器中性点电压为零,消弧线圈和地中无电流流过。

当电网发生单相接地故障时,故障相电压降低,非故障相电压升高,三相对地电容电流不平衡,地中流过电流,并通过接地故障点形成电流回路;同时,变压器中性点电位升高,消弧线圈流过电感电流,对接地电容电流进行补偿,使通过接地故障点的电流减小到能自行熄弧的范围,以提高供电可靠性。

图2-4为中性点经消弧线圈接地的电网中发生单相接地时的电网电气接线示意图和对应的各相电压、电流向量图。由向量图可知,接地相线路电压为零,非故障相电压升高到故障前的$\sqrt{3}$倍,中性点电位升高到相电压,地中电容电流为:$\dot{I}_C = \dot{I}_{C_A} + \dot{I}_{C_B}$,地中电感电流为$\dot{I}_L$,接地电流为:$\dot{I} = \dot{I}_C + \dot{I}_L$。

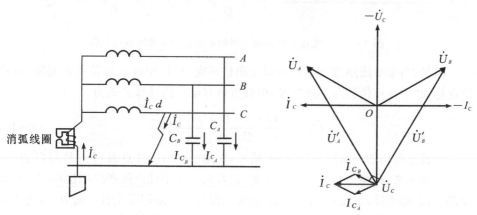

图2-4 中性点经消弧线圈接地电力网的接地故障示意图和向量图

由于$\dot{I}_C$超前$-\dot{U}_C$ 90°,而$\dot{I}_L$滞后$-\dot{U}_C$ 90°,所以选取适当的电感值可使流过接地点的电流值互相补偿,达到规定要求。

但是对于运行方式经常变化,电容电流在一个较大范围内变化的系统,用手动调节的消弧线圈已很难适应及时调节的需求,一般采用自动跟踪补偿的消弧线圈才能达到实时补偿的效果。

补偿电网的消弧线圈总容量主要是根据电网对地的总电容电流来选择,保证在一定脱谐度下以过补偿方式运行。

从连续供电和减小故障范围的观点来看,中性点经消弧线圈接地电网具有明显的优越性,但消弧线圈价格较高。另外,电网运行方式千变万化,这就要求消弧线圈电感值在一定范围内变化。

2.3.2.3 中性点不接地系统

1.中性点不接地电力网的正常运行

中性点不接地系统即中性点对地绝缘。图 2-5 所示为中性点不接地电力网正常运行时的电气接线示意图和各相电压、电流向量图。可见,对中性点不接地的三相电力网,当三相对称,而各相的对地电容又相等时,其中性点电位为零。

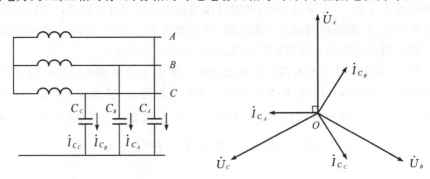

图 2-5 中性点不接地电力网的正常运行示意图和向量图

但是,当架空线路排列不对称而又换位不完全时,中性点电位不再是零,这种情况称为"中性点位移",经过推导,中性点位移电压的计算公式为

$$\dot{U}_O = -\frac{\dot{U}_A C_A + \dot{U}_B C_B + \dot{U}_C C_C}{C_A + C_B + C_C} \qquad (2-10)$$

中性点位移的向量图如图 2-6 所示,对地电压的中性点由 O 点移到 O' 点。

一般说来,在换位不完全的情况下,正常运行时中性点所产生的位移电压是较小的,可忽略不计,但是,当中性点经消弧线圈接地并采用完全补偿时,位移电压的影响却不可忽视。

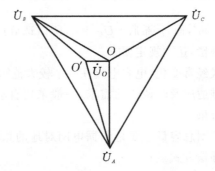

图 2-6 中性点位移向量图

2.中性点不接地电力网单相接地

当中性点不接地电力网发生单相接地时,情况就会明显发生变化,图2-7所示为 C 相在 d 点发生金属性接地故障时的情况,接地后 C 相的电压变为零,故有

$$\dot{U}_O = -\dot{U}_C \qquad (2-11)$$

$$\dot{U}_{dA} = \dot{U}_O + \dot{U}_A = -\dot{U}_C + \dot{U}_A = \sqrt{3}\dot{U}_C e^{-j150°} \qquad (2-12)$$

$$\dot{U}_{dB} = \dot{U}_O + \dot{U}_B = -\dot{U}_C + \dot{U}_B = \sqrt{3}\dot{U}_C e^{-j210°} \qquad (2-13)$$

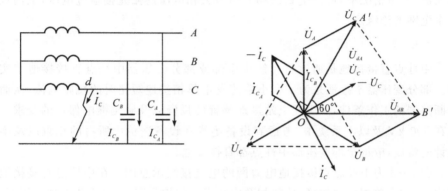

图2-7　中性点不接地电力网的接地故障示意图和向量图

可见,当中性点不接地电力网发生单相接地故障时,两个非故障相的对地电压升高至原来的$\sqrt{3}$倍,而三个线电压保持不变,由于在中性点不接地系统中,各种设备的绝缘是按线电压设计的,所以对电力网及各种电气设备也无太大危害。

但是,由于 C 相接地,流过接地点的电流不再是零,而是

$$\dot{I}_C = -(\dot{I}_{C_A} + \dot{I}_{C_B}) \qquad (2-14)$$

假定线路各相对地电容均相等,即 $C_A = C_B = C_C$,则

$$\dot{I}_{C_A} = \frac{\dot{U}_{dA}}{-jX_C} = \sqrt{3}\omega C \dot{U}_C e^{-j60°} \qquad (2-15)$$

$$\dot{I}_{C_B} = \frac{\dot{U}_{dB}}{-jX_C} = \sqrt{3}\omega C \dot{U}_C e^{-j120°} \qquad (2-16)$$

所以,可推导出

$$\dot{I}_C = -(\dot{I}_{C_A} + \dot{I}_{C_B}) = -\sqrt{3}\omega C \dot{U}_C (e^{-j60°} + e^{-j120°}) = j3\omega C \dot{U}_C \qquad (2-17)$$

上式表明,在中性点不接地电网中,单相接地电流等于正常时各相对地电容电流的3倍。

中性点不接地系统结构简单,运行方便,不需任何附加设备投资,经济适用。这种接地方式的优点在于发生单相接地故障时,由于接地电流很小,若是瞬时故

第2章·变压器正常运行

障,一般能自动熄弧,恢复系统的正常运行;发生接地后,不会破坏系统的对称性,用户感受不到系统发生的故障。根据相关安全规定,系统发生单相接地故障后,可继续运行不超过 2 h,从而获得排除故障的时间,相对地提高了供电的可靠性。

中性点不接地电网中,当系统对地电容电流较小时,接地电弧会迅速自行熄灭,电网可恢复正常运行;如果接地电流较大(30 A 以上),则将产生稳定的电弧,形成持续性的弧光接地,强烈的电弧将损坏设备并导致相间短路。若电弧不稳定燃烧,对电网的危害特别大,将在系统中产生弧光接地过电压,使健全相电压升高。据实测,严重情况下,可产生 2.5～3.5 倍最大相电压的弧光接地过电压,从而危及整个电网的绝缘。

2.3.2.4 中性点直接接地

中性点直接接地是通过将系统中全部或部分变压器中性点直接接地来实现的。部分变压器不接地是为了减小系统发生单相接地短路时的短路电流,从而改善断路器的工作条件,减少变电站接地装置的投资以及满足继电保护的要求。不过在 500 kV 及以上系统中,考虑到设备绝缘在设备造价中所占的比重以及绝缘设计的难度,应将全部变压器中性点都直接接地。

图 2-8 为中性点直接接地电力网的电气接线示意图。在中性点直接接地电网中,若发生单相接地故障,故障相及中性点电位均为零,非故障相对地电压不变。由于单相接地短路电流 I_d 较大,线路继电保护装置能迅速切断电路。这种方式供电的可靠性不高,为了弥补其可靠性降低的缺点,电网中广泛采用了自动重合闸装置,以减少在发生非永久性单相接地故障时,线路断电的时间。

变压器中性点与地之间的阻抗对系统零序阻抗有直接影响。变压器中性点直接接地,则零序阻抗与正序阻抗的比值小,因而单相接地时的健全相电压低,这是中性点直接接地系统的优点。

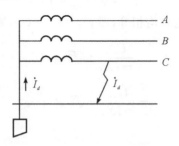

图 2-8 中性点直接接地电力网的接地故障示意图

利用对称分量法可求出单相(C 相)接地时健全相的电压 $\dot{U}_A$ 和 $\dot{U}_B$。

A 相电压为:
$$\dot{U}_A = \frac{\dot{E}_C \left[Z_2 (a^2 - a) + Z_0 (a^2 - 1) \right]}{Z_1 + Z_2 + Z_0} \qquad (2-18)$$

B 相电压为：
$$\dot{U}_B = \frac{\dot{E}_C [Z_2(a-a^2)+Z_0(a-1)]}{Z_1+Z_2+Z_0} \qquad (2-19)$$

式中，Z_1、Z_2、Z_0 分别为从单相接地短路点向变压器看进去的系统正序、负序和零序阻抗；$a = -\frac{1}{2} + j\frac{\sqrt{3}}{2}$。

一般来说，$Z_1 \approx Z_2$。忽略电阻分量时，$Z_1 \approx X_1$，$Z_0 \approx X_0$，因此 $\dot{U}_A$ 可简化为

$$\dot{U}_A = \dot{E}_C \left[\frac{(a^2-a)+(a^2-1)\dfrac{X_0}{X_1}}{2+\dfrac{X_1}{X_0}} \right] = \dot{E}_C \left[\frac{-1.5\dfrac{X_0}{X_1}}{2+\dfrac{X_0}{X_1}} - j\frac{\sqrt{3}}{2} \right] \qquad (2-20)$$

其数值表达式为

$$U_A = E_C \sqrt{ \left(\frac{-1.5\dfrac{X_0}{X_1}}{2+\dfrac{X_0}{X_1}} \right)^2 + \frac{3}{4} } = \alpha E_A = \alpha U_P \qquad (2-21)$$

式中，U_P 为相电压。当阻抗中电阻分量可以忽略时，两个健全相电压是相等的，即 $U_A = U_B = \alpha U_P$，α 为接地系数。当从接地故障点向变压器看进去的系统零序阻抗和正序阻抗之比 $K = \dfrac{X_0}{X_1} = 3$ 时，$U_A = 1.25 U_P = 0.72 U_e$，其中 U_e 为线电压。

当变压器中性点与地之间接有电阻时，两健全相电压不相等，超前相电压比滞后相高，稍作变换后，U_B 可表示为

$$U_B = \alpha U_P + \nabla U, \quad \nabla U = -\frac{K-1}{K+2} U_P \qquad (2-22)$$

例如系统中中性点接有电阻器 R_e，其值为 $R_e = X_{10}$。电阻器接入前系统阻抗中的电阻分量可以忽略不计，而正序、负序和零序电抗相等，即 $X_1 = X_2 = X_0$，$3R_e = R_0 = X_1$。对于这种情况

$$K = \frac{3R_e + jX_0}{jX_1} = \frac{X_1 + jX_0}{jX_1} = 1-j \qquad (2-23)$$

$$\nabla U = \frac{j}{3-j} U_P \qquad (2-24)$$

故有 $U_B = \sqrt{(-0.5-0.1)^2 + (\frac{\sqrt{3}}{2}+\frac{3}{10})^2}\, U_P = 1.31 U_P = 0.757 U_e \qquad (2-25)$

有效接地系统的优点：

(1)过电压和相应要求的绝缘水平低。系统的标称电压越高，这一优点越显得重要；

(2)单相接地短路电流大，有利于继电保护快速、正确动作。

第 2 章 变压器正常运行

有效接地系统的缺点：

(1)单相接地短路电流大,会引起断路器跳闸,降低供电可靠性；

(2)单相接地短路电流有时会超过三相短路电流,影响到断路器遮断能力的选择；

(3)接地短路电流大,在电气安全方面的问题也比较严重(在0.2 s切断电源情况下,保证人身安全要求的接触电压和跨步电压应不大于650 V,延长切断电源的时间将更加危险)。

2.3.2.5 中性点部分接地

中性点部分接地即对有若干台变压器并联运行的变电站,采取一部分变压器中性点接地运行,而另一部分变压器中性点不接地的运行方式。

采用中性点部分接地方式可实现简单可靠的零序保护,同时,系统接地电阻增大,单相接地电流可以限制在可接受的范围。

但由于系统中有中性点不接地的变压器,如果保护动作不当,会形成局部电网中性点没有接地点,导致中性点不接地的变压器承受较高的过电压,致使变压器中性点设备及系统中设备损坏。

中性点部分接地系统的优点:采用部分中性点接地方式可实现简单可靠的零序保护;可有效增加系统的零序阻抗,减小系统的单相接地短路电流。

中性点部分接地系统的缺点:系统发生接地故障期间,不接地变压器放电间隙误击穿导致中性点间隙零序电流保护误动作,跳开无故障变压器,导致停电范围扩大。出现这种现象的原因与中性点间隙保护冲击放电电压易受气候因素影响,以及间隙冲击放电电压与避雷器雷电保护水平难以实现足够裕度的配合有关系。此外,在系统发生单相接地故障时,一旦将接地变压器切除,运行电网将形成局部无接地的电网,可能产生较高的过电压,造成设备损坏,特别是对于低压侧有电源的变电站,其产生的过电压水平可能更高。

2.3.2.6 中性点经电抗(电阻)器接地

中性点经电抗器接地的目的是增加系统零序阻抗,减小系统单相接地短路电流。接于中性点的电阻器或电抗器都可以减小接地故障电流,尤其是在低值阻抗范围,电抗器更有效。例如当中性点电抗器的阻值很低时,不包括中性点电抗器的系统正序、负序和零序电抗为 $X_1 = X_2 = X_0$,现令中性点接入的电抗器的电抗为 $X_e = \dfrac{2}{3}X_1$,在这种情况下,系统总的零序电抗 X_{0t} 与正序电抗之比已达到 $\dfrac{X_{0t}}{X_1} = 3$,即属于有效接地的临界状态,这时单相接地故障电流为

$$I_f = \frac{3U_P}{X_1 + X_2 + X_0 + 3X_e} = 0.6\,\frac{U_P}{X_1} = 0.6I_s^{(3)} \qquad (2-26)$$

式中，U_P 为系统标称相电压；而 $I_s^{(3)}$ 为三相对称短路电流值。

再将同样阻值的电阻器 $(R_e = \dfrac{2}{3}X_1)$ 接于系统中性点，此时单相接地故障电流为

$$I_f = \frac{3U_P}{\sqrt{(X_1+X_2+X_0)^2+(3R_e)^2}} = \frac{3U_P}{\sqrt{13}\,X_1} = 0.83 I_s^{(3)} \qquad (2-27)$$

经过上述分析可以得到两种接地方式的对比情况如表 2-2 所示。

表 2-2　变压器中性点经电抗器和电阻器接地的比较

	经电抗器接地	经电阻器接地
单相接地电流与三相短路电流之比	60%	83%
机械力下降至	36%	69%
接地设备上的电压	$0.4U_P$	$0.55U_P$
接地设备上的功率	$0.24U_P^2/X_1$	$0.45U_P^2/X_1$

由表 2-2 可以看出，电阻器降低接地电流的作用较弱，但电阻器上的电压高，且功率比电抗器大得多，另外，电阻器消耗的功率是有功功率，而电抗器消耗的主要是无功功率，有功功率仅为其标称功率的百分之几。

一般来说，在接地电流较大的情况下，从热稳定的条件出发，采用电阻器会很笨重，而采用电抗器不仅可以减小功率损耗，结构也较简单。故如果要将接地电流限制到三相短路电流的三分之一以上，选用电抗器接地比电阻器接地更为合理。

中性点电抗器（低值）接地方式的优缺点和直接（有效）接地方式相同。另外，接地设备将提高投资成本。

中性点经电抗器接地既可以具备部分中性点接地的所有优点，又可使中性点部分接地的致命缺点不复存在。变压器采取中性点经电抗器接地方式，在运行中当变压器投、切时，可保持零序阻抗不变或变化不大，不会使电网形成局部的孤立不接地系统，避免中性点不接地部分变压器因失地而产生过电压，损坏设备的可能性，简化了过电压保护装置和运行操作程序，提高了电网的安全可靠性；同时，较好地兼顾了目前继电保护的需要，增加系统零序网络的电抗值，减小单相接地短路电流，降低对断路器遮断电流的要求和对通信的干扰，也可使接触电压和跨步电压减小，有利于保证人身安全。

只要电抗值选择适当，变压器中性点全部经电抗器接地的系统就可以达到与变压器中性点部分接地系统相同的效果，降低变压器中性点绝缘水平，带来巨大的经济效益。

全站变压器中性点经电抗器接地方式试点应用已于 2009 年 2 月在四川资阳

110 kV南市站投入运行,运行状况良好,有效防止了主变由于中性点间隙与避雷器保护的失配问题而误跳闸情况的发生,确保了供电可靠性。

表2-3列出了各种中性点接地方式的优缺点。中性点接地方式是一个涉及电力系统许多方面的综合问题,在选择中性点接地方式时,必须考虑一系列因素,其中主要是人身安全,供电可靠性,电气设备和线路的绝缘水平,继电保护工作的灵敏性,对通信信号的干扰等。

表2-3 各种中性点接地方式的对比

接地方式 / 对比项	有效接地(大电流接地系统)	非有效接地(小电流接地系统)		
	直接接地	不接地	电阻接地	消弧线圈接地
单相接地电流	最大,可能达到100% $I_s^{(3)}$ 或更大	小,为三相总对地电容电流,一般只允许运行在10~30 A以下	中等,基本由中性点电阻值决定,本表只讨论接地电流在100~1000 A范围内的情况	最小,等于残流,但随脱谐度增大而增大
单相接地健全相对地电压	最小,小于80%线电压	大,等于线电压	一般处于80%~100%线电压之间	大,等于线电压
变压器中性点是否接避雷器	否	是,参数同相线用避雷器	是,但避雷器选用条件放宽	是,参数同相线用避雷器
变压器等设备的绝缘水平	最低,变压器可采用分级绝缘	绝缘水平高,全绝缘	绝缘水平高,全绝缘	绝缘水平高,全绝缘
发展为多重故障的可能	最小,几乎无	最大,线路长、电容电流大的可能性大	小,情况较好	有可能
接地故障的继电保护动作情况	简单、可靠、迅速	实现有选择性的保护较困难,不够可靠	可以实现选择性的接地保护	可以实现选择性的接地保护
断路器工作条件	单相接地电流有时比三相短路电流大,动作次数多	开断容量由三相短路电流而定	开断容量由三相短路电流而定,动作次数多	开断容量由三相短路电流而定,动作次数少
接地故障时的供电切断情况	立即跳闸,但通过重合闸使此缺点得到弥补	在单相接地电弧能够自然熄灭的情况下,不中断供电	立即跳闸,但通过重合闸可使瞬时性故障马上恢复供电	电弧可自然熄灭,但永久性故障时仍需跳闸

接地方式 \ 对比项	有效接地（大电流接地系统）	非有效接地（小电流接地系统）		
	直接接地	不接地	电阻接地	消弧线圈接地
地网和接地设备的费用	无接地设备,但接地网建设费用最大	最少	中,中性点电阻价格高	地网费用少,但接地设备（消弧线圈)价格较高
故障时对通信线路的电磁干扰	大,但切断时间短	小	随中性点电阻增大而减小	小,但时间较长
故障电流对人身安全的影响	大	电流大小取决于线路总长度,持续时间长	小	最小

注:表中 $I_s^{(3)}$ 为三相短路电流。

可见,不同的接地方式各有优缺点,要综合考虑相关因素,合理选择适当的中性点接地方式。

小电流接地系统:系统发生单相接地故障时,接地电流小,保护装置只发信号而不跳闸,在规程规定的时间内排除故障就可以不停电,所以可靠性高。缺点是经济性差。这是因为系统发生单相接地故障时,非故障相对地电压将升高至原来的 $\sqrt{3}$ 倍,变为线电压,中性点电压升高为相电压,系统的绝缘水平按线电压设计。另外,在发生单相接地时,易出现间歇性电弧引起的弧光接地过电压。

大电流接地系统:系统发生单相接地故障时,保护装置立即切除故障,安全性好;其次,因为中性点直接接地,所以在任何情况下中性点电压都不会升高,系统绝缘水平按相电压设计,经济性好。缺点是供电可靠性差,为了提高可靠性,在大电流接地系统中都有自动重合闸装置,保证当系统发生瞬时性故障时可以快速恢复供电。

2.4 变压器正常运行状态

2.4.1 变压器正常运行的要求

变压器正常运行的要求如下:

(1)变压器在规定的安装环境和冷却方式下,可按铭牌参数连续运行。

(2)变压器的外加一次电压可以较额定电压高,但一般不得超过相应分接头额定电压值的 5%。不论电压分接头在何位置,如果所加一次电压不超过其相应值的 5%,则变压器二次侧可带额定负荷。

(3)无载调压变压器在额定电压的±5%范围内改换分接头位置运行时,其额定容量不变,如为−7.5%和−10%分接头时,额定容量应相应降低 2.5%和 5%。

(4)有载调压变压器各分接头位置的容量,按制造厂规定均为额定容量。

(5)按规定,高备变一次侧电压允许增加到额定值的 110%运行。

(6)自然循环自冷或风冷的油浸式电力变压器,上层油温不宜经常超过 85℃,最高不得超过 95℃,温升最高不得超过 55℃。强迫油循环风冷的油浸式电力变压器,油温最高不得超过 85℃,温升最高不得超过 45℃。

(7)变压器可以在正常过负荷和故障过负荷的情况下运行。正常过负荷可以经常使用,其允许值根据变压器的负荷曲线、冷却介质温度以及过负荷的变压器所带的负荷等来确定。故障过负荷只允许在故障情况下使用。

超过铭牌额定值时负载的电流和变压器温度限值见表 2-4。

表 2-4 超过铭牌额定值时负载的电流和变压器温度限值

负载类型	配电变压器	中型变压器	大型变压器
正常周期性负载	—	—	—
电流/p.u.	1.5	1.5	1.3
绕组热点温度和与纤维绝缘材料接触的金属部件的温度/℃	120	120	120
其他金属部件的热点温度(与油、芳族聚酰胺纸、玻璃纤维材料接触)/℃	140	140	140
顶层油温/℃	105	105	105
长期急救负载			
电流/p.u.	1.8	1.5	1.3
绕组热点温度和与纤维绝缘材料接触的金属部件的温度/℃	140	140	140
其他金属部件的热点温度(与油、芳族聚酰胺纸、玻璃纤维材料接触)/℃	160	160	160
顶层油温/℃	115	115	115
短期急救负载			
电流/p.u.	2.0	1.8	1.5
绕组热点温度和与纤维绝缘材料接触的金属部件的温度/℃	160	160	160

负载类型	配电变压器	中型变压器	大型变压器
其他金属部件的热点温度(与油、芳族聚酰胺纸、玻璃纤维材料接触)/℃	180	180	180
顶层油温/℃	115	115	115
注:温度和电流限值不同时适应,电流可以比表中的限值低一些,以满足温度限值的要求;温度也可以比表中的限值低一些,以满足电流限值的要求。				

配电变压器是指额定电压在 35 kV 及以下,三相额定容量在 2500 kVA 及以下,单相额定容量在 833 kVA 及以下,油自然循环风冷却的变压器。

中型变压器是指三相额定容量不超过 100 MVA 或每柱容量不超过33.3 MVA,且额定短路阻抗(Z)满足式(2-28)要求的变压器。

$$Z \leqslant (25 - 0.1 \times \frac{3S}{W})\%　\qquad (2-28)$$

式中,S 为变压器的额定容量,MVA;W 为变压器有绕组的芯柱数。

大型变压器是指三相额定容量在 100 MVA 以上,或其额定短路阻抗(Z)大于式(2-28)计算值的变压器。

2.4.2　投入运行前的准备与检查

2.4.2.1　检查绝缘电阻

变压器投入运行前应对绝缘电阻进行如下检查:

(1)变压器在安装完或检修后的投入运行前以及长期停用后均应用 1000～2500 V 绝缘电阻表测量线圈的绝缘电阻。测量时应尽可能在与检修时相同的温度下,用相同电压的绝缘电阻表进行。测量的数值和测量时的温度应记入变压器绝缘记录簿内。

(2)新安装的变压器吸收比(R_{60}/R_{15})应大于 1.3,绝缘电阻 R_{60} 应不低于出厂值的 70%。

(3)变压器使用期间,吸收比应不低于 1.3,绝缘电阻 R_{60} 应不低于初次值的 50%,否则应查明原因。

2.4.2.2　试验

新安装或大修后,变压器投入运行前应做下列试验并确保合格:

(1)直流电阻测量。

(2)线圈及套管的介质损失角测量。

(3)变压器及套管绝缘油试验。

（4）工频耐压试验。

（5）冲击合闸试验（新安装变压器必须合闸 5 次，换线圈及大修后的变压器必须合闸 3 次）。

（6）分接头变压比的测量。

（7）泄漏电流试验。

（8）有载调压分接开关的动作试验。

（9）检查接线组别和极性。

（10）定相试验。

（11）保护试验。

2.4.2.3　变压器投入运行前的检查

变压器投入运行前应进行如下检查：

（1）变压器外观清洁，无漏油现象。

（2）油位、油色正常，各阀门的开闭位置正确。

（3）变压器上、下外壳可靠联结，且接地良好；铁芯联结线通过套管引出，并可靠接地；地基无明显沉降现象。

（4）本体及有载调压开关油箱与各自的油枕间连接阀门开启，继电器内充满油、无气体，若有气体时应排放干净。

（5）变压器引线对地及线间距离合格，各导线接头应紧固良好，相位正确，相色漆清晰、明显。

（6）分接开关位置指示正确，符合运行要求。有载调压装置电动、手动操作均应正常，指示数值与实际相符，数字位于显示孔正中间。

（7）压力释放阀外观完好，无进水受潮，其机械、电气信号处于初始位置（即压力释放阀出厂或入网试验动作后，机械、电气信号应进行手动复位）。

（8）套管清洁完整，无损坏、裂纹，油位正常。

（9）呼吸器不应堵塞，干燥剂颜色、油封位置正常。

（10）中性线连接良好，中性点避雷器、放电间隙参数正确。

（11）冷却系统与本体的联管阀门均打开；若有油泵，则电机的转向要正确。

（12）温度表计及测量回路良好。

（13）保护、测量、信号及控制回路接线正确。

2.4.3　变压器的操作

变压器投运和停运操作包括：

（1）变压器的充电必须在装有保护的电源侧进行。变压器应使用断路器进行投入和切除。

（2）主变在投运前，必须合上中性点接地开关。

（3）主变的投运可由任一侧开关合闸充电，一般从高压侧充电，其他侧开关处于断开位置。

2.4.4　变压器分接开关的操作

变压器分接开关的操作包括：无载调压变压器切换分接头的工作应由检修人员在停电后进行。在变换分接头时，应正反方向各转动5周，以便消除触头上的氧化膜及油污，同时要注意分接头位置的正确性。变换分接头后应测量绕组的直流电阻及检查锁紧位置。

有载分接开关的操作包括：

（1）电动操作。按钮操作时间应短促，瞬按红色按钮，开关应正方向切换一次，瞬按绿色按钮，开关应反方向切换一次，数字指示应恰好位于正中。

（2）手动操作。取下连接套、装上手柄，每转两圈切换一次，手柄垂直向下时，数字指示应恰好位于正中。

（3）变压器过载时，不可操作有载分接开关。

第3章 变压器非正常运行

变压器在运行过程中,若所有的运行参数都在铭牌给定的额定参数范围之内,变压器的运行就是正常的。若其运行参数超出了额定参数所规定的范围,则变压器就进入非正常运行状态,非正常运行状态会对变压器产生不良影响,甚至会对变压器造成损坏。

3.1 变压器短路故障运行

3.1.1 变压器的零序电抗及其等值电路

变压器为静止的元件、当变压器外施电压为正序电压或负序电压时,将通过正序电流或负序电流,因为三相正序或负序电压和三相正序或负序电流之和都等于零,各绕组之间的电压和电流关系以及磁通的分布和匝链情况,除了相序关系不同外,其他没有什么差异。所以变压器的正序和负序等值电路及参数完全相同,变压器的正序、负序电抗等于稳态运行时变压器的等值电抗。但是当变压器外施零序电压时,由于三相零序电压和三相零序电流之和都不等于零,变压器的零序磁通分布情况与正、负序情况可能完全不同,它与变压器的铁芯结构有关。另外,三相零序电流的通路也可能与正、负序电流不同,它与变压器的绕组接法、外部接地方式等有关。下面对铁芯结构对零序阻抗的影响进行详细讨论。

对于励磁阻抗来说,当三相变压器由三个单相变压器组成时,每相变压器的铁芯都是独立的,在此情况下,不管三相电流的相序如何,主磁通都以铁芯为通路,零序励磁阻抗与正、负序完全相同,如图3-1(a)所示。对于如图3-1(b)所示的三相四柱式变压器及三相壳式变压器,情况与单相变压器相同。由于以上三种变压器的主磁通都以铁芯为通路,相应的励磁阻抗很大,在近似计算中认为励磁支路开路。变压器的零序短路阻抗也与正、负序短路阻抗完全相同。

如果采用三相三柱式变压器,对于正序、负序来说,由于三相正、负序电压之和等于零,励磁磁通仍以铁芯为通路,即在铁芯中的三相磁通彼此互为通路,因此正、负序等值参数相等。但对于零序来说,由于三相零序电压彼此相等、相位相同,它们之和为每相励磁磁通的三倍，结果使得这三个磁通不能以铁芯为回路，而必须经过气隙由油壁返回，如图 3-1(c)所示。在此情况下，零序励磁磁通所遇到的磁阻增大，磁导变小，从而使零序励磁电抗远小于正、负序励磁电抗，对于这类变压器来说，其零序 T 形等值电路中的激磁阻抗一般不能忽略。变压器的零序短路阻抗也远小于正、负序短路阻抗。

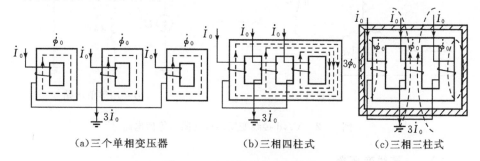

(a)三个单相变压器　　　　(b)三相四柱式　　　　(c)三相三柱式

图 3-1　变压器零序磁通路径

3.1.1.1　双绕组变压器

从形式上说，三相双绕组变压器的零序等值电路仍可用典型的 T 形等值电路表示，但是其中的励磁阻抗与变压器的结构以及中性点的接地情况有关。

与正、负序等值电路不同，在变压器零序等值电路中两侧端点与外电路之间的关系取决于零序电流能否通过变压器的三相绕组。在正序或负序情况下，由于三相电流之和等于零，即三相之间互为通路，而与绕组的连接方式无关。然而，在零序情况下，由于三相零序电流之和不等于零，它们必须通过中性点经过大地（或中线）构成回路。因此，如果三相绕组接成三角形或者中性点不接地的星形，则零序电流不可能流过三相绕组，在此情况下，从电路关系来说，相当于变压器等值电路中相应的端点与外电路断开的情况。

下面分别对几种具体的变压器接线方式加以介绍。

1. Y_N, d 接线变压器

如图 3-2(a)所示，变压器星形侧流过零序电流时，通过该侧接地的中性线形成通路，在三角形侧各绕组中感应出零序电动势，并在三角形绕组中形成大小相等、相位相同的环流，使每相绕组中的感应电势与该相绕组漏阻抗上的电压降平衡（零序电流在原、副绕组中均不可流通，而只能以漏磁通的形式表现出来），相当于该侧绕组通过漏抗短路，而其端点与外电路断开。由于零序电压在三角形绕组中形成短路，零序电流不能流出三角形以外，线电流中不存在零序电流，对外开路，所以变压器的零序等值电路如图 3-2(b)所示。

则从高压侧看进去的变压器零序电抗为

$$x_0 = x_{\mathrm{I}} + \frac{x_{\mathrm{II}} x_{m0}}{x_{\mathrm{II}} + x_{m0}} \tag{3-1}$$

式中，x_{I}、x_{II} 分别为两侧绕组的漏抗；x_{m0} 为零序励磁电抗。

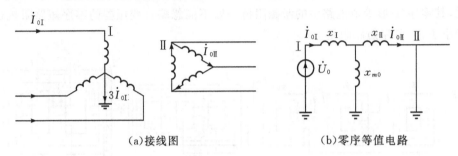

(a)接线图　　　　　　　　(b)零序等值电路

图 3-2　Y_N,d 接线变压器接线图与等值电路

2.Y_N,y 接线变压器

如图 3-3(a)所示，中性点接地的变压器星形侧流过零序电流时，在另一侧各绕组中感应出零序电动势，该侧中性点不接地，故零序电流没有通路，变压器相当于开路。但零序磁通可以在铁芯中畅通，测得的电抗值较大，变压器的零序等值电路如图 3-3(b)所示。

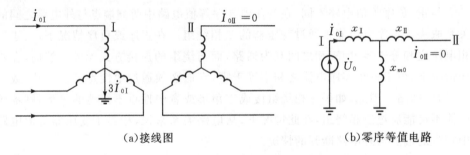

(a)接线图　　　　　　　　(b)零序等值电路

图 3-3　Y_N,y 接线变压器接线图与等值电路

其零序电抗则为

$$x_0 = x_{\mathrm{I}} + x_{m0} \tag{3-2}$$

3.Y_N,y_n 接线变压器

如图 3-4(a)所示，中性点接地的变压器星形侧流过零序电流时，在二次侧中感应出零序电动势。如果该侧除变压器接地的中性点外没有其他的接地点，则二次侧绕组中不会有零序电流的通路，变压器零序电抗与 Y_N,y 接线相同。如果与二次侧相连的电路中还有另外的接地中性点，则有零序电流的通路，此时变压器的零序等值电路如图 3-4(b)所示。

其零序电抗则为

$$x_0 = x_{\mathrm{I}} + \frac{(x_{\mathrm{II}} + x) x_{m0}}{x_{\mathrm{II}} + x_{m0} + x} \tag{3-3}$$

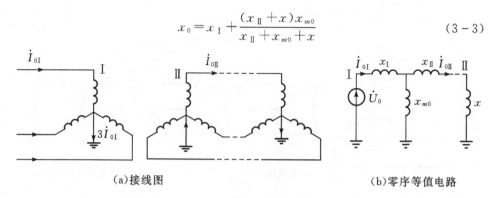

(a)接线图　　　　　　　　　　　　　　(b)零序等值电路

图 3-4　Y_N,y_n接线变压器接线图与等值电路

4.中性点有接地阻抗的 Y_N,d 接线变压器

当中性点经阻抗接地的变压器星形侧流过零序电流时,中性点接地阻抗上将流过 3 倍的零序电流,且产生相应的电压降,中性点电压与地不同。因此,在单相零序等值电路中,应将中性点的阻抗增大到原来的 3 倍,并与它接入的那一侧绕组的漏抗相串联。中性点经电抗 x_n 接地的 Y_N,d 接线变压器如图 3-5(a)所示,其零序等值电路如图 3-5(b)所示。

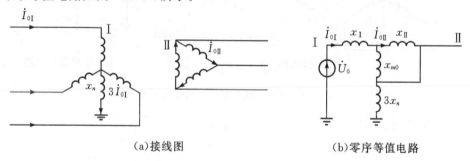

(a)接线图　　　　　　　　　　　　　　(b)零序等值电路

图 3-5　中性点经电抗接地 Y_N,d 接线变压器接线图与等值电路

其他类型的接线采用类似的处理方法即可。

3.1.1.2　三绕组变压器

在所有三相变压器中(老型号的 10 kV 配变,有 Y,y_{N0} 接线组别的变压器),为平衡三个主磁柱中的磁通,一般总有一个绕组接成三角形。下面以三绕组变压器通常的接线形式 Y_N,d,d、Y_N,d,y 和 Y_N,y_n,d 为例,对其零序等值电路进行分析。

1.Y_N,d,d 接线变压器

Y_N,d,d 接线变压器的接线图和零序等值电路如图 3-6(a)、(b)所示,绕组 Ⅱ、Ⅲ 各自形成零序电流的闭合回路。绕组 Ⅱ、Ⅲ 中的电压降相等,在等值电路中 x_{II} 和 x_{III} 并联。其零序电抗为

$$x_0 = x_I + \frac{x_{II} x_{III}}{x_{II} + x_{III}} \tag{3-4}$$

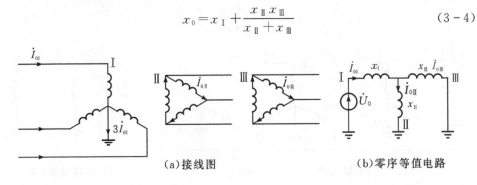

(a)接线图　　　　(b)零序等值电路

图 3-6　Y_N, d, d 接线变压器接线图与等值电路

2.Y_N, d, y 接线变压器

Y_N, d, y 接线变压器的接线图和零序等值电路如图 3-7(a)、(b)所示。

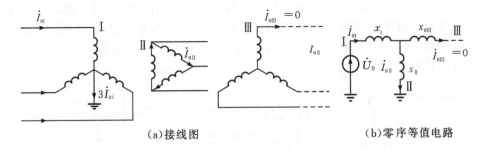

(a)接线图　　　　(b)零序等值电路

图 3-7　Y_N, d, y 接线变压器接线图与等值电路

绕组Ⅲ没有零序电流的通过,其零序电抗为

$$x_0 = x_I + x_{II} \tag{3-5}$$

3.Y_N, y_n, d 接线变压器

Y_N, y_n, d 接线变压器的接线图和零序等值电路如图 3-8(a)、(b)所示。

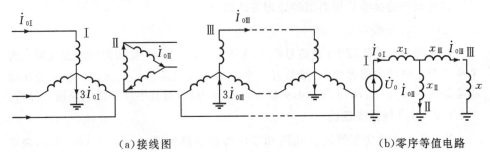

(a)接线图　　　　(b)零序等值电路

图 3-8　Y_N, y_n, d 接线变压器接线图与等值电路

Ⅱ、Ⅲ绕组都可以通过零序电流,Ⅲ绕组是否通过零序电流取决于外电路中有无另外的接地点,其零序电抗为

$$x_0 = x_Ⅰ + \frac{x_Ⅱ(x_Ⅲ + x)}{x_Ⅱ + x_Ⅲ + x} \tag{3-6}$$

三绕组变压器零序等值电路中的电抗 $x_Ⅰ$、$x_Ⅱ$ 和 $x_Ⅲ$ 与双绕组变压器中的 $x_Ⅰ$、$x_Ⅱ$ 性质相同,$x_Ⅰ$、$x_Ⅱ$ 和 $x_Ⅲ$ 与正序的情况一样,是各绕组的漏电抗。

3.1.1.3 自耦变压器

自耦变压器一般用来联系两个直接接地的系统,它有两个直接电气联系的自耦绕组,这两个绕组共用一个中性点和一条接地线。当有第三个绕组时,一般接成三角形接线。

1.中性点直接接地的 Y_N,y_n 和 Y_N,y_n,d 接线变压器

中性点直接接地的 Y_N,y_n 和 Y_N,y_n,d 接线变压器的接线图和零序等值电路如图 3-9(a)、(b)所示,它们的等值电路与双绕组、三绕组变压器完全相同。需要注意的是,由于自耦变压器绕组间有直接的电联系,中性点的入地电流不能直接由等值电路中求取,必须先算出Ⅰ、Ⅱ侧的实际电流 $\dot{I}_{0Ⅰ}$、$\dot{I}_{0Ⅱ}$,则中性点入地电流为 $3(\dot{I}_{0Ⅰ} - \dot{I}_{0Ⅱ})$。

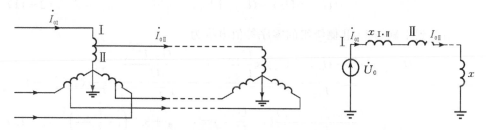

(a)中性点直接接地的 Y_N,y_n 接线变压器及等值电路

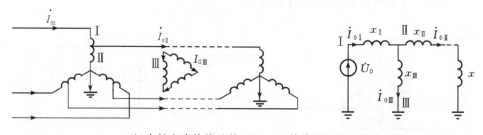

(b)中性点直接接地的 Y_N,y_n,d 接线变压器及等值电路

图 3-9　中性点直接接地自耦变压器接线图与等值电路

这两种接线变压器的零序电抗分别为

$$x_0 = x_{\text{I-II}} + x \tag{3-7}$$

$$x_0 = x_{\text{I}} + \frac{x_{\text{III}}(x_{\text{II}} + x)}{x_{\text{II}} + x_{\text{III}} + x} \tag{3-8}$$

2.中性点经电抗接地的 $\mathrm{Y_N, y_n}$ 和 $\mathrm{Y_N, y_n, d}$ 接线变压器

对于中性点经电抗 x_n 接地的 $\mathrm{Y_N, y_n}$ 接线的变压器,它的接线图如图 3-10(a)所示,设 I、II 侧端点与中性点之间的电位差分别为 $U_{\text{I}n}$、$U_{\text{II}n}$,I、II 侧绕组的额定电压为 $U_{\text{I}N}$、$U_{\text{II}N}$。

当自耦变压器的中性点直接接地时,即 $U_n = 0$ 时,折算到 I 侧的 I、II 侧绕组的端点的电位差为

$$U_{\text{I}n} - U_{\text{II}n} \times \frac{U_{\text{I}N}}{U_{\text{II}N}}$$

折算到 I 侧的 I、II 侧绕组的零序等值电抗为

$$x_{\text{I-II}} = \frac{U_{\text{I}n} - U_{\text{II}n} \times \dfrac{U_{\text{I}N}}{U_{\text{II}N}}}{I_{01}} \tag{3-10}$$

当中性点经电抗 x_n 接地时,中性点电位要受两个绕组零序电流的影响,它的电位差为 $U_n = 3x_n(I_{0\text{I}} - I_{0\text{II}})$,折算到 I 侧的 I、II 侧绕组的端点的电位差为

$$(U_{\text{I}n} + U_n) - (U_{\text{II}n} + U_n) \times \frac{U_{\text{I}N}}{U_{\text{II}N}} \tag{3-11}$$

折算到 I 侧的 I、II 侧绕组的零序等值电抗为

$$x'_{\text{I-II}} = \frac{(U_{\text{I}n} + U_n) - (U_{\text{II}n} + U_n) \times \dfrac{U_{\text{I}N}}{U_{\text{II}N}}}{I_{0\text{I}}} = \frac{U_{\text{I}n} - \dfrac{U_{\text{II}n} U_{\text{I}N}}{U_{\text{II}N}}}{I_{0\text{I}}} + \frac{U_n}{I_{0\text{I}}}\left(1 - \frac{U_{\text{I}N}}{U_{\text{II}N}}\right)$$

$$= x_{\text{I-II}} + \frac{3x_n(I_{0\text{I}} - I_{0\text{II}})}{I_{0\text{I}}}\left(1 - \frac{U_{\text{I}N}}{U_{\text{II}N}}\right) = x_{\text{I-II}} + 3x_n\left(1 - \frac{U_{\text{I}N}}{U_{\text{II}N}}\right)^2 \tag{3-12}$$

其零序等值电路如图 3-10(b)所示。

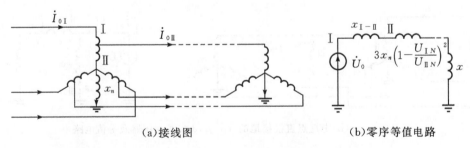

| (a)接线图 | (b)零序等值电路 |

图 3-10　中性点经电抗接地 $\mathrm{Y_N, y_n}$ 接线自耦变压器接线图与等值电路

由图 3-10(b)可求得其零序等值电抗为

$$x_0 = x_{I-II} + 3x_n \left(1 - \frac{U_{IN}}{U_{IIN}}\right)^2 + x \qquad (3-13)$$

对于 Y_N, y_n, d 接线变压器,它们的接线图如图 3-11(a)所示。任意两绕组之间的零序等值电抗是第三个绕组断开,这两个绕组间的零序电抗折算到 I 侧的值,分析方法与 Y_N, y_n 接线的自耦变压器相同。

III 侧绕组断开,折算到 I 侧的 I、II 侧之间的零序等值电抗就是 x'_{I-II},在分析 Y_N, y_n 接线时已得出。

$$x'_{I-II} = x_{I-II} + 3x_n \left(1 - \frac{U_{IN}}{U_{IIN}}\right)^2 + x \qquad (3-14)$$

II 侧绕组断开,折算到 I 侧的 I、III 侧之间的零序等值电抗为

$$x'_{I-III} = x_{I-III} + 3x_n \qquad (3-15)$$

I 侧绕组断开,折算到 I 侧的 II、III 侧之间的零序等值电抗为

$$x'_{II-III} = x_{II-III} + 3x_n \left(\frac{U_{IN}}{U_{IIN}}\right)^2 \qquad (3-16)$$

由此,可得出中性点经电抗 x_n 接地的 Y_N, y_n, d 接线变压器,折算到 I 侧绕组的零序等值电抗为

$$\left.\begin{array}{l} x'_I = \frac{1}{2}(x'_{I-II} + x'_{I-III} - x'_{II-III}) = x_I + 3x_n(1 - \frac{U_{IN}}{U_{IIN}}) \\[2mm] x'_{II} = \frac{1}{2}(x'_{I-II} + x'_{II-III} - x'_{I-III}) = x_{II} + 3x_n \frac{U_{IN}(U_{IN} - U_{IIN})}{U_{IIN}^2} \\[2mm] x'_{III} = \frac{1}{2}(x'_{I-III} + x'_{II-III} - x'_{I-II}) = x_{III} + 3x_n(\frac{U_{IN}}{U_{IIN}}) \end{array}\right\} \qquad (3-17)$$

其零序等值电路如图 3-11(b)所示。

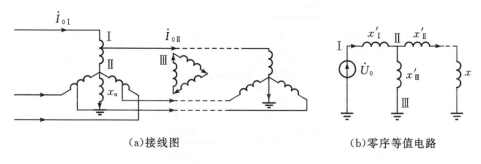

（a)接线图 （b)零序等值电路

图 3-11 中性点经电抗接地 Y_N, y_n, d 接线自耦变压器

由图 3-11(b)可求得其零序等值电抗为

$$x_0 = x'_I + \frac{(x'_{II} + x)x'_{III}}{x'_{II} + x + x'_{III}} \qquad (3-18)$$

3.1.2 变压器三相对称短路

变压器三相对称短路示意图如图 3 - 12 所示。

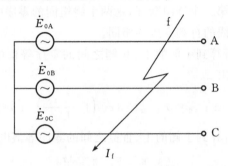

图 3 - 12 变压器三相对称短路示意图

三相对称短路时,变压器中性点接地与否,短路点是否接地,其结果均一样,即短路点和中性点电压均为零。三相短路电流幅值相等,相位对称,其大小为

$$I = \frac{E_{0A}}{x_1} \qquad (3-19)$$

式中,x_1 为从短路点向变压器看进去的正序阻抗,主要为变压器的正序短路阻抗。

例 3 - 1 如图 3 - 13 所示的电网接线图,已知 220 kV 变压器 SFPSZ9 - 150000/220 的容量为 150000 kVA/150000 kVA /75000 kVA,阻抗电压为 $U_{k12}\% = 13.41\%$,$U_{k13}\% = 23.27\%$,$U_{k23}\% = 7.56\%$。220 kV 系统短路电流为 40 kA。求:该变压器 110 kV 侧母线出现三相对称短路时,流过变压器 110 kV 侧线圈的短路电流是多少?

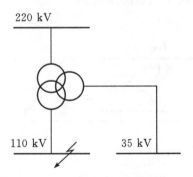

图 3 - 13 变压器接线示意图

解:变压器各绕组等值电抗百分值为

$$x_1\% = \frac{1}{2}(U_{k12}\% + U_{k13}\% - U_{k23}\%) = \frac{1}{2} \times (13.41 + 23.27 - 7.56)\% = 14.56\%$$

$$x_2\% = \frac{1}{2}(U_{k12}\% + U_{k23}\% - U_{k13}\%) = \frac{1}{2} \times (13.41 + 7.56 - 23.27)\% = -1.15\%$$

$$x_3\% = \frac{1}{2}(U_{k23}\% + U_{k13}\% - U_{k12}\%) = \frac{1}{2} \times (7.56 + 23.27 - 13.41)\% = 8.71\%$$

取基准容量为 1000 MVA,则每个绕组归算到基准容量时的电抗标幺值为

$$x_1^* = x_1\%\frac{S_j}{S_1} = 14.56\% \times \frac{1000}{150} = 0.97$$

$$x_2^* = x_2\%\frac{S_j}{S_2} = -1.15\% \times \frac{1000}{150} = -0.08$$

$$x_3^* = x_3\%\frac{S_j}{S_3} = 8.71\% \times \frac{1000}{75} = 1.16$$

220 kV 系统短路电流为 40 kA,因此,其短路容量为

$$S_s'' = \sqrt{3} \times 40 \times 220 = 15241.6 \text{ MVA}$$

220 kV 侧系统短路电抗标幺值为

$$x_s^* = \frac{S_j}{S_s''} = \frac{1000}{15241.6} = 0.066$$

取 110 kV 为电压基准值,则电流基准值为

$$I_j = \frac{S_j}{\sqrt{3}U_j} = \frac{1000}{110\sqrt{3}} = 5.25 \text{ kA}$$

变压器短路电抗图如图 3-14 所示。

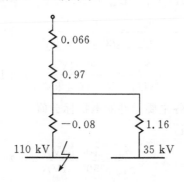

图 3-14 变压器短路阻抗图

因此,短路点 K 的三相短路电流周期分量有效值为

$$I_d'' = \frac{I_j}{x_s^* + x_1^* + x_2^*} = \frac{5.25}{0.066 + 0.97 - 0.08} = \frac{5.25}{0.956} = 5.49 \text{ kA}$$

例 3-2:电气接线如图 3-15 所示的电网,已知断路器 QF 系统侧 10 kV 母线处的系统短路容量为 500 MVA,10 kV 架空线路的正序阻抗为 0.35 Ω/km。各元

变压器运行分析

件额定参数如图所示,变压器的短路阻抗均为 $U_z\% = 4.5$。分别求变电站 10 kV 高压母线上 k-1 点短路和 380 V 低压母线上 k-2 点短路的三相短路电流。

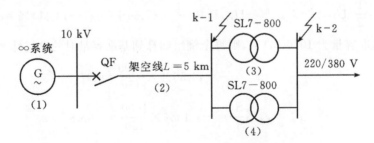

图 3-15　电网电气接线示意图

解:(1)绘制等效电路图,如图 3-16 所示。

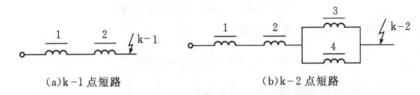

(a)k-1 点短路　　　　　　　　(b)k-2 点短路

图 3-16　变压器短路等效电路图

(2)确定基准值。

$$S_d = 100 \text{ MVA} \quad U_{d1} = U_{av1} = 10.5 \text{ kV} \quad U_{d2} = U_{av3} = 0.4 \text{ kV}$$

$$I_{d1} = \frac{S_d}{\sqrt{3} U_{d1}} = \frac{100 \text{ MVA}}{\sqrt{3} \times 10.5 \text{ kV}} = 5.50 \text{ kA}$$

$$I_{d2} = \frac{S_d}{\sqrt{3} U_{d2}} = \frac{100 \text{ MVA}}{\sqrt{3} \times 0.4 \text{ kV}} = 144 \text{ kA}$$

(3)计算短路电路中各主要元件的电抗标幺值。

系统短路阻抗标幺值

$$X_1^* = \frac{S_d}{S_{OC}} = \frac{100 \text{ MVA}}{500 \text{ MVA}} = 0.2$$

架空线路电抗标幺值

6~10 kV 架空线路每相单位长度电抗为：$X_0 = 0.35 \text{ Ω/km}$

$$X_2^* = X_0 l \frac{S_d}{U_{d1}^2} = 0.35 \text{ Ω/km} \times 5 \text{ km} \times \frac{100 \text{ MVA}}{10.5^2 \text{ kV}} = 1.59$$

电力变压器电抗标幺值

$$X_3^* = X_4^* = \frac{U_z\% S_d}{100 S_N} = \frac{4.5 \times 100 \times 10^3 \text{ kVA}}{100 \times 800 \text{ kVA}} = 5.625$$

(4) k-1 点短路时。

短路电路及各主要元件的电抗标幺值如图 3-17 所示。

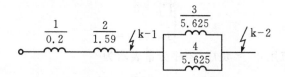

图 3-17 短路电路及各主要元件的电抗标幺值

则总电抗标幺值为

$$X_{\Sigma(k\text{-}1)}^* = X_1^* + X_2^* = 0.2 + 1.59 = 1.79$$

三相短路电流周期分量有效值为

$$I_{k\text{-}1}^{(3)} = \frac{I_{d1}}{X_{\Sigma(k\text{-}1)}^*} = \frac{5.5 \text{ kA}}{1.79} = 3.07 \text{ kA}$$

(5) k-2 点短路时。

根据图 3-17 所示,总电抗标幺值为

$$X_{\Sigma(k\text{-}2)}^* = X_1^* + X_2^* + X_3^* // X_4^* = 0.2 + 1.59 + \frac{5.625}{2} = 4.6$$

三相短路电流周期分量有效值为

$$I_{k\text{-}2}^{(3)} = \frac{I_{d2}}{X_{\Sigma(k\text{-}2)}^*} = \frac{144 \text{ kA}}{4.6} = 31.3 \text{ kA}$$

3.1.3 变压器单相接地运行

3.1.3.1 短路侧变压器中性点不接地时

变压器 A 相接地短路示意图如图 3-18 所示。

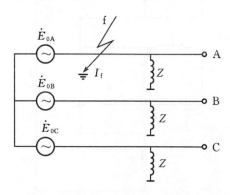

图 3-18 变压器 A 相接地短路示意图

设变压器在 f 处发生 A 相接地短路($f^{(1)}$），如图 3-18 所示。

短路点的边界条件为

$$\begin{cases} \dot{U}_{fa} = 0 \\ \dot{I}_{fb} = \dot{I}_{fc} = 0 \end{cases} \quad (3-20)$$

将电压、电流用正序、负序、零序分量表示为

$$\begin{cases} \dot{U}_{fa} = \dot{U}_{fa1} + \dot{U}_{fa2} + \dot{U}_{fa0} = 0 \\ \alpha^2 \dot{I}_{fa1} + \alpha \dot{I}_{fa2} + \dot{I}_{fa0} = 0 \\ \alpha \dot{I}_{fa1} + \alpha^2 \dot{I}_{fa2} + \dot{I}_{fa0} = 0 \end{cases} \quad (3-21)$$

经整理得用序分量表示的边界条件为

$$\begin{cases} \dot{U}_{fa1} + \dot{U}_{fa2} + \dot{U}_{fa0} = 0 \\ \dot{I}_{fa1} = \dot{I}_{fa2} = \dot{I}_{fa0} = \dfrac{\dot{I}_{fa}}{3} \end{cases} \quad (3-22)$$

联立求解式(3-20)及式(3-22)，可以解出故障相电压、电流的各序分量 $\dot{I}_{fa1}$、$\dot{I}_{fa2}$、$\dot{I}_{fa0}$ 及 $\dot{U}_{fa1}$、$\dot{U}_{fa2}$、$\dot{U}_{fa0}$。进一步通过序分量合成，求出故障相电流 $\dot{I}_{fa}$ 及非故障相电压。该方法比较繁琐，不适合工程计算。

工程上常采用复合序网的方法进行不对称故障的计算。结合故障类别，绘制出正序、负序及零序网络，把故障边界条件以序分量形式表现。将各序网络在故障端口联系起来，构成复合序网络。依据表达式(3-22)的边界条件制定的单相接地短路的 A 相复合序网络如图 3-19 所示，各序网络串接，满足各序电流相等的条件。

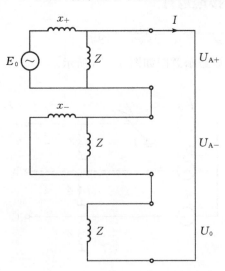

图 3-19　A 相接地故障复合序网图

从复合序网络图可见,得

$$x_+ = x_- = x \tag{3-23}$$

$$Z \gg x$$

$$I = I_0 = I_+ = I_- = \frac{E_0}{Z+2x}$$

$$U_{A+} = E_0 - Ix = \frac{Z+x}{Z+2x}E_0$$

$$U_{A-} = -Ix = \frac{-x}{Z+2x}E_0$$

$$U_0 = -IZ = \frac{-Z}{Z+2x}E_0$$

因此,短路点的故障相电流为

$$I_f = I_0 + I_+ + I_- = \frac{3E_0}{Z+2x} \tag{3-24}$$

对于中性点不接地系统,$Z = \dfrac{1}{\omega C}$,式中 C 为不接地电网每相对地电容量;由于 $Z \gg x$,所以

$$I_f \approx \frac{3E_0}{Z} = 3\omega C E_0 \tag{3-25}$$

非故障相电压为

$$\dot{U}_B = U_0 + U_{A+}e^{-j120} + U_{A-}e^{j120}$$

$$= -\frac{ZE_0}{Z+2x} + \left(E_0 - \frac{xE_0}{Z+2x}\right)e^{-j120} - \frac{xE_0}{Z+2x}e^{j120}$$

$$= E_0\left(\frac{x-Z}{Z+2x} + e^{-j120}\right) \tag{3-26}$$

同理,得

$$\dot{U}_C = U_0 + U_{A+}e^{j120} + U_{A-}e^{-j120}$$

$$= -\frac{ZE_0}{Z+2x} + \left(E_0 - \frac{xE_0}{Z+2x}\right)e^{j120} - \frac{xE_0}{Z+2x}e^{-j120}$$

$$= E_0\left(\frac{x-Z}{Z+2x} + e^{j120}\right) \tag{3-27}$$

从式(3-25)可以看出,在短路侧变压器中性点不接地的电网中,当发生单相接地时,流过接地点的电流约为正常运行电压下每相对地电容电流的 3 倍,即:$I_f = 3\omega C E_0$。

发生单相接地后,两个健全相电压升高的幅值相等,其两者间的相位差取决于 Z 和 x 的值;由于一般 $Z \gg x$,所以 U_B、U_C 间的相位差介于 $60° \sim 120°$ 之间。

当忽略 x 时,即 $x=0$ 时,则

$$\dot{U}_\mathrm{B}=\sqrt{3}\,E_0\,e^{-j150}=\sqrt{3}\,E_0\,e^{-j150} \tag{3-28}$$

$$\dot{U}_\mathrm{C}=\sqrt{3}\,E_0\,e^{j150}=\sqrt{3}\,E_0\,e^{j150} \tag{3-29}$$

从上面的计算可以看出,在用复合序网图计算出来的变压器中性点不接地电网中发生单相接地时,接地点的电流 I_f、健全项的电压 U_B、U_C 与 2.3.2.3 计算出来的结果是一致的。

3.1.3.2 短路侧变压器中性点接地

变压器 A 相在 f 点接地短路时,示意图如图 3-20 所示。其中,Z 为变压器所带的负荷。复合序网图如图 3-21 所示。

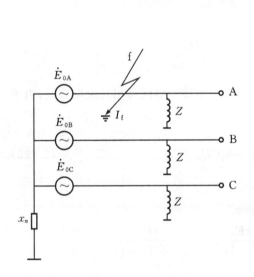

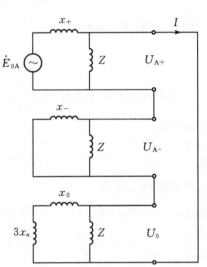

图 3-20 变压器 A 相接地短路示意图   图 3-21 A 相接地故障复合序网图

因为

$$x_+=x_-=x$$
$$I=I_0=I_+=I_-$$
$$Z\gg x$$

所以:

$$I=\frac{E_{0\mathrm{A}}}{(3x_n+x_0)//Z+2x}$$

令

$$Z_0=(3x_n+x_0)//Z$$

则

$$I=\frac{E_{0\mathrm{A}}}{Z_0+2x} \tag{3-30}$$

流过接地点的电流:$I_\mathrm{f}=I_0+I_++I_-=3I=3\times\dfrac{E_{0\mathrm{A}}}{Z_0+2x}$

各序电压为

$$U_{A+}=E_{0A}-Ix_+=E_{0A}-\frac{E_{0A}x}{Z_0+2x}=\frac{E_{0A}(Z_0+x)}{Z_0+2x}$$

$$U_{A-}=-Ix=\frac{-x}{Z_0+2x}E_{0A}$$

$$U_0=-IZ_0=\frac{-Z_0}{Z_0+2x}E_{0A}$$

短路点健全相电压为

$$\dot{U}_B=\dot{U}_0+U_{A+}e^{-j120}+U_{A-}e^{j120}=\frac{-E_{0A}Z_0}{Z_0+2x}+\frac{E_{0A}(Z_0+x)}{Z_0+2x}e^{-j120}-\frac{E_{0A}x}{Z_0+2x}e^{j120}$$

$$=\frac{E_{0A}}{Z_0+2x}(-Z_0+Z_0e^{-j120}+xe^{-j120}-xe^{j120})$$

$$=E_{0A}\left(\frac{x-Z_0}{Z_0+2x}+e^{-j120}\right)$$

$$=E_{0A}\left[\frac{1-\dfrac{Z_0}{x}}{2+\dfrac{Z_0}{x}}-\frac{1}{2}-j\frac{\sqrt{3}}{2}\right] \tag{3-31}$$

$$=E_{0A}\left[\frac{-1.5\dfrac{Z_0}{x}}{2+\dfrac{Z_0}{x}}-j\frac{\sqrt{3}}{2}\right]$$

$$\dot{U}_C=\dot{U}_0+U_{A+}e^{j120}+U_{A-}e^{-j120}=E_{0A}\left(\frac{x-Z_0}{Z_0+2x}+e^{j120}\right)$$

$$=E_{0A}\left[\frac{1-\dfrac{Z_0}{x}}{2+\dfrac{Z_0}{x}}-\frac{1}{2}+j\frac{\sqrt{3}}{2}\right] \tag{3-32}$$

$$=E_{0A}\left[\frac{-1.5\dfrac{Z_0}{x}}{2+\dfrac{Z_0}{x}}+j\frac{\sqrt{3}}{2}\right]$$

式(3-31)、式(3-32)与3.1.3节得出的结果一致。

对于三芯三绕组 220 kV 变压器(220 kV/110 kV/10 kV),若变压器 110 kV 侧绕组中性点直接接地,此时在 110 kV 侧发生单相接地短路,则

$$x_n=0,x_0<x$$

所以,$Z_0<x_+$,如取 $Z_0=x_0=\frac{1}{2}x_+=\frac{1}{2}x$

则
$$I_f = \frac{3E_{0A}}{2.5x} = 1.2I_{d3}$$

式中,I_{d3}为 f 点三相对称短路电流。

$$\dot{U}_B = (-\frac{3}{10} - j\frac{\sqrt{3}}{2})E_{0A}, \dot{U}_C = (-\frac{3}{10} + j\frac{\sqrt{3}}{2})E_{0A}$$

$$U_A = U_B = 0.92\, E_{0A}$$

即当 f 点发生单相接地短路时,流过接地点的短路电流 I_f 比在 f 点发生三相对称短路的电流要大,而短路点的健全相电压,比额定电压值略低。

例 3-3 $S_B = 100\,\text{MVA}$,$U_B = U_N$ 时,所示电路各参数如下:发电机 G-1:$X_d'' = 0.06$,$X_2 = 0.074$;变压器 T-1:$X_1 = X_0 = 0.056$;线路 L_1、L_2:$X_1 = 0.03$,$X_0 = 3X_1 = 0.09$;变压器 T-2:$X_1 = X_0 = 0.087$。在 f 点发生 A 相接地短路时,求:(1)流过开关 M 的各相次暂态短路电流。(2)流过变压器 T-1、变压器 T-2 中线的次暂态短路电流。

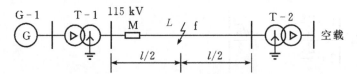

解:(1)根据正序、负序、零序网,求正序、负序、零序等值电抗

$$x_{1\Sigma} = 0.06 + 0.056 + 0.03 = 0.146, x_{2\Sigma} = 0.074 + 0.056 + 0.03 = 0.16$$

$$x_{0\Sigma} = (0.056 + 0.09)//(0.087 + 0.09) = 0.08$$

(2)根据复合序网,求故障点正序、零序电流

$$\dot{I}_{a1} = \dot{I}_{a2} = \dot{I}_{a0} = \frac{j1}{j(0.146 + 0.16 + 0.08)} \times \frac{100}{\sqrt{3} \times 115} = 1.3\,\text{kA}$$

(3)在正序、负序、零序网中流过 M 点的正序、负序、零序电流

$$\dot{I}_{M1} = \dot{I}_{M2} = 1.3\,\text{kA}$$

$$\dot{I}_{M0} = 1.3 \times \frac{0.08}{0.056 + 0.09} = 0.72\,\text{kA}$$

(4)流过开关 M 的各相次暂态短路电流

$$\dot{I}_{Ma} = \dot{I}_{M1} + \dot{I}_{M2} + \dot{I}_{M0} = 3.32\,\text{kA}$$

$$\dot{I}_{Mb} = a^2\dot{I}_{M1} + a\dot{I}_{M2} + \dot{I}_{M0} = -0.58\,\text{kA}$$

$$\dot{I}_{Mc} = a\dot{I}_{M1} + a^2\dot{I}_{M2} + \dot{I}_{M0} = -0.58\,\text{kA}$$

(5)在零序网中求变压器 T-1、变压器 T-2 的零序电流

$$\dot{I}_{T10} = 0.72\,\text{kA}, \dot{I}_{T20} = 1.3 - 0.72 = 0.58\,\text{kA}$$

(6)流过变压器 T-1、变压器 T-2 中线的次暂态短路电流

$$\dot{I}_{T1N} = 3\dot{I}_{T10} = 3 \times 0.72 = 2.16 \text{ kA}$$

$$\dot{I}_{T2N} = 3\dot{I}_{T20} = 3 \times 0.58 = 1.74 \text{ kA}$$

3.1.4 变压器两相短路接地

3.1.4.1 短路侧变压器绕组中性点不接地

变压器绕组中性点不接地时,变压器两相短路接地示意图如图 3-22 所示。

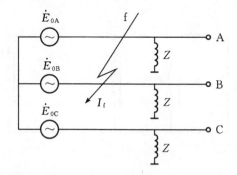

图 3-22 变压器 A、B 两相短路接地(绕组中性点不接地)

其中,Z 为变压器每相所带的负荷。系统短路的边界条件为

$$U_A = U_B = 0$$

$$I_C = I_{C+} + I_{C-} + I_0 = 0$$

变压器两相短路接地的复合序网如图 3-23 所示。

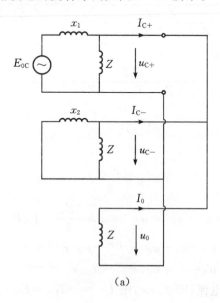

(a)

第 3 章 变压器非正常运行

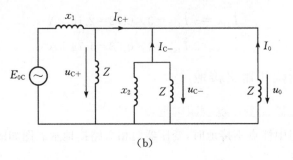

(b)

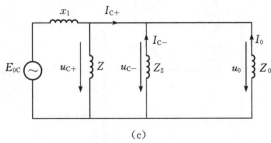

(c)

图 3-23 变压器 A、B 两相短路复合序网图

其中，$Z_2 = \dfrac{Zx_2}{Z+x_2}$，$Z_0 = Z$

所以：$u_{C+} = u_{C-} = u_0 = u$，$I_{C+} = -(I_{C-} + I_0)$

$$u = \frac{E_{0C}}{x_1 + \dfrac{Z_0 Z Z_2}{Z_0 Z_2 + Z_0 Z + Z Z_2}} \times \frac{Z_0 Z Z_2}{Z_0 Z_2 + Z_0 Z + Z Z_2}$$

当变压器负荷阻抗 $Z \gg x_2$ 时，$Z_2 = x_2$

则

$$\frac{Z_0 Z Z_2}{Z_0 Z_2 + Z_0 Z + Z Z_2} = x_2$$

$$u = \frac{E_{0C} x_2}{x_1 + x_2}$$

一般，$x_1 = x_2 = x$

$$u = \frac{E_{0C}}{2}$$

$$u_C = u_0 + u_{C+} + u_{C-} = 3u = \frac{3E_{0C}}{2} = 1.5E_{0C} \tag{3-33}$$

$$u_A = u_0 + u_{C+} e^{-j120} + u_{C-} e^{j120} = 0$$

$$u_B = u_0 + u_{C+} e^{j120} + u_{C-} e^{-j120} = 0$$

不考虑变压器负荷电流，即 $Z \gg x$，则 $I_{C+} = -I_{C-} = E_{0C}/2x$

短路电流

$$I_{\mathrm{f}}=aI_{\mathrm{C+}}+a^2I_{\mathrm{C-}}=(a-a^2)E_{\mathrm{0C}}/2x=j\sqrt{3}\times E_{\mathrm{0C}}/2x \qquad (3-34)$$

例 3 - 4 某 35 kV 电缆线路,从变电站出来的第一支接头(距离 110 kV 变压器 500 m)发生故障击穿,导致 B、C 相发生两相接地故障,电缆的型号为:YJV22 - 26/35 kV - 3×300 mm²,故障持续时间约 80 ms。故障前 35 kV 母线三相电压正常,故障波形如图 3 - 24 所示。

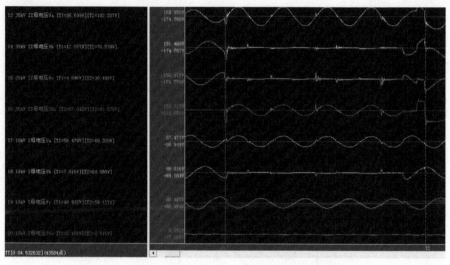

图 3 - 24　110 kV 清泉站 35 kV Ⅱ 母线故障录波图

已知该变压器型号为 SFSZ11 - 40000/110,容量比为:40000 kVA/40000 kVA/40000 kVA,电压比为:110±8×1.25%/38.5±2×2.5%/10.5,阻抗电压为:高-低 18.25%、高-中 10.06%、中-低 6.49%,35 kV 母线电压互感器变比 k 为:35000/$\sqrt{3}$: 100/$\sqrt{3}$。根据厂家提供的数据,500 m 该电缆的阻抗为 0.233 Ω。

计算该变压器 35 kV 侧未接地相 A 的电压及 B、C 相的短路电流。

解:由式(3 - 23)得

$$U_{\mathrm{A}}=1.5\times E_{\mathrm{0A}}=1.5\times\frac{35}{\sqrt{3}}=30.31\ \mathrm{kV}$$

由图 3 - 33 及 35 kV 母线电压互感器变比得二次电压

$$u_{\mathrm{A}}=30.31\times\frac{100}{35}=86.6\ \mathrm{V}$$

由式(3 - 34)知,B、C 两相接地短路时,短路电流为

$$I_{\mathrm{fM}}=\sqrt{3}\times\frac{E_{\mathrm{0A}}}{2(x+Z_{\mathrm{C}})}$$

其中,x 为变压器高-中的短路阻抗,Z_{C} 为短路回路中电缆的阻抗折算到中压侧的标幺值。

500 m 电缆阻抗为 0.233 Ω，折算到中压侧标幺值为

$$Z_C = 0.233 \times \frac{S_N}{U_N^2} = 0.233 \times \frac{40}{35^2} = 0.0076$$

$$x = 0.1006$$

该变压器中压绕组的额定电流

$$I_{MN} = \frac{40000}{\sqrt{3}} \times 35 = 659.85 \text{ A}$$

所以，35 kV 侧 B、C 两相接地短路时，短路电流为

$$I_{fM} = \frac{\sqrt{3} I_{MN}}{2 \times (0.1006 + 0.0076)} = 5281.24 \text{ A}$$

3.1.4.2　短路侧变压器绕组中性点接地

变压器中性点接地时，变压器两相短路接地示意图如图 3-25 所示。

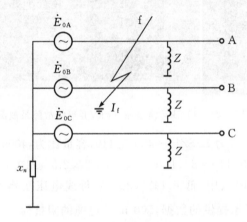

图 3-25　变压器 A、B 两相短路接地（绕组中性点接地）

其中，Z 为变压器每相所带的负荷。系统短路的边界条件为

$$U_A = U_B = 0$$

$$I_C = I_{C+} + I_{C-} + I_0 = 0$$

变压器两相短路接地的复合序网图如图 3-26 所示。

其中，$Z_2 = \frac{Zx_2}{Z + x_2}$，$Z_0 = \frac{Z(x_0 + 3x_n)}{Z + x_0 + 3x_n}$

所以：$u_{C+} + u_{C-} + u_0 = u$，$I_{C+} = -(I_{C-} + I_0)$

$$u = \frac{E_{0C}}{x_1 + \frac{Z_0 Z Z_2}{Z_0 Z_2 + Z_0 Z + Z Z_2}} \times \frac{Z_0 Z Z_2}{Z_0 Z_2 + Z_0 Z + Z Z_2}$$

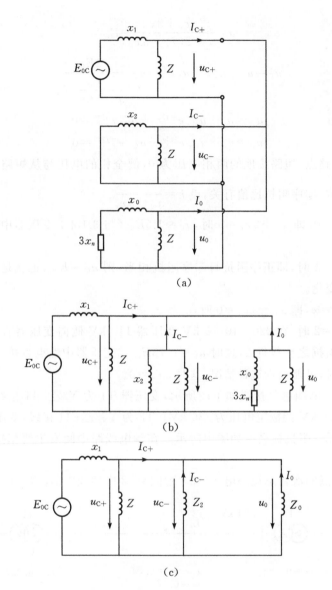

图 3-26 变压器 A、B 两相短路复合序网图

当变压器负荷阻抗 $Z \gg x_2$，$Z \gg (x_0 + 3x_n)$ 时，$Z_2 = x_2$，$Z_0 \approx x_0 + 3x_n$

则

$$u = \frac{E_{0C}}{x_1 + \dfrac{x_2(x_0 + 3x_n)}{x_2 + x_0 + 3x_n}} \times \frac{x_2(x_0 + 3x_n)}{x_2 + x_0 + 3x_n}$$

一般，$x_1 = x_2 = x$

$$u = \frac{x_0 + 3x_n}{x + 2(x_0 + 3x_n)} E_{0C}$$

$$u_C = u_0 + u_{C+} + u_{C-} = 3u = \frac{3E_{0C}}{\dfrac{x}{x_0 + 3x_n} + 2} \qquad (3-35)$$

$$u_A = u_0 + u_{C+} e^{-j120} + u_{C-} e^{j120} = 0$$

$$u_B = u_0 + u_{C+} e^{j120} + u_{C-} e^{-j120} = 0$$

即:在短路点,短路接地的两相电压为 0,健全相的电压与从短路点看进变压器的正序阻抗、零序阻抗比值有关,设 $k = \dfrac{x}{x_0 + 3x_n}$。

(1)当 $k=0$,即 $x_0 + 3x_n = \infty$ 时,$u_C = 1.5 E_{0C}$(与 3.1.4.1 变压器中性点不接地情况一致)。

(2)当 $k=1$ 时,即正序阻抗与零序阻抗相当,则 $u_C = E_{0C}$,也就是说非故障相电压未发生变化。

(3)当 $k=\infty$,即 $x_0 + 3x_n = 0$ 时,$u_C = 0$。

(4)当 $k=2$ 时,在 220/110/10 kV 变压器 110 kV 侧向变压器看进去的正序阻抗与零序阻抗之比接近 2,这时 $u_C = 0.75 E_{0C}$。变压器中性点直接接地、且变压器为三铁芯时,可能出现这种情况,这时 $3x_n = 0$。

例 3-5　电网电气接线如下图所示,变压器 T1 为 Y/△-11 接线,额定容量 100 MVA,220 kV 侧额定电压为 230 kV。T2 为 Y_N/△-11 接线,变压器 T2 低压侧开路。各元件阻抗标幺值如图中所示。在输电线路中间发生两相接地短路时,计算:

(1)故障点的次暂态短路电流;(2)变压器 T2 中性线中的次暂态短路电流。

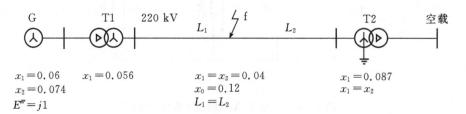

解:(1)根据正序、负序、零序网,求正序、负序、零序等值电抗

$$x_{1\Sigma} = 0.06 + 0.056 + 0.04 = 0.156, \quad x_{2\Sigma} = 0.074 + 0.056 + 0.04 = 0.17$$

$$x_{0\Sigma} = 0.087 + 0.12 = 0.207$$

(2)根据复合序网,求故障点正序、零序电流

$$\dot{I}_{a1} = \frac{j1}{j(0.156 + 0.17 // 0.207)} \times \frac{100}{\sqrt{3} \times 230} = 1.01 \text{ kA}$$

$$\dot{I}_{a0} = \dot{I}_{a1}\left(\frac{x_{2\Sigma}}{x_{2\Sigma}+x_{0\Sigma}}\right) = 1.01 \times \frac{0.093}{0.207} = 0.453 \text{ kA}$$

(3)故障点的次暂态短路电流

因为

$$\dot{I}_{a1} = -(\dot{I}_{a2}+\dot{I}_{a0})$$

所以

$$\dot{I}_{a2} = -\dot{I}_{a1} \times x_0/(x_2+x_0), \quad \dot{I}_{a0} = -\dot{I}_{a1} \times x_2/(x_2+x_0)$$

$$\dot{I}_{fb} = a\dot{I}_{a1}+a^2\dot{I}_{a2}+\dot{I}_{a0} = \dot{I}_{a1}\left[a-\frac{a^2 \times x_0}{x_2+x_0}-\frac{x_2}{x_2+x_0}\right]$$

$$= \dot{I}_{a1}\left[\left(-\frac{1}{2}+j\frac{\sqrt{3}}{2}\right)-\left(-\frac{1}{2}-j\frac{\sqrt{3}}{2}\right)\times\frac{x_0}{x_2+x_0}-\frac{x_2}{x_2+x_0}\right]$$

$$= \dot{I}_{a1}\left[-\frac{3x_2}{2(x_2+x_0)}+j\frac{\sqrt{3}(x_2+2x_0)}{2(x_2+x_0)}\right]$$

$$= \frac{\dot{I}_{a1}}{2(x_2+x_0)}\left[-3x_2+j\sqrt{3}(x_2+2x_0)\right]$$

$$|\dot{I}_{fb}| = \frac{\dot{I}_{a1}}{2(x_2+x_0)}\times\sqrt{9x_2^2+3(x_2+2x_0)^2}$$

$$= \frac{\dot{I}_{a1}}{2(x_2+x_0)}\times\sqrt{12(x_2^2+x_2x_0+x_0^2)}$$

$$= \sqrt{3}\,\dot{I}_{a1}\sqrt{1-\frac{x_2x_0}{(x_2+2x_0)^2}}$$

$$I_{fb} = aI_{a1}+a^2I_{a2}+I_{a0} = I_{a1}\left[a-\frac{a^2 \times x_0}{x_2+x_0}-\frac{x_2}{x_2+x_0}\right]$$

$$= I_{a1}\left[\left(-\frac{1}{2}+j\frac{\sqrt{3}}{2}\right)-\left(-\frac{1}{2}-j\frac{\sqrt{3}}{2}\right)\times\frac{x_0}{x_2+x_0}-\frac{x_2}{x_2+x_0}\right]$$

$$= I_{a1}\left[-\frac{3x_2}{2(x_2+x_0)}+j\frac{\sqrt{3}(x_2+2x_0)}{2(x_2+x_0)}\right]$$

$$= \frac{I_{a1}}{2(x_2+x_0)}\left[-3x_2+j\sqrt{3}(x_2+2x_0)\right]$$

$$I_{fb}=I_{fc}=\sqrt{3}\sqrt{1-\frac{x_{2\Sigma}x_{0\Sigma}}{(x_{2\Sigma}+x_{0\Sigma})^2}}\,I_{a1}=\sqrt{3}\times1.01\times\sqrt{1-\frac{0.17\times0.207}{(0.17+0.207)^2}}=1.515 \text{ kA}$$

(4)在零序网中求流过变压器 T2 的零序电流

$$\dot{I}_{T20}=0.453 \text{ kA}$$

(5)求流过变压器 T2 中性线中的次暂态短路电流

$$\dot{I}_{T2N} = 3\dot{I}_{T20} = 3 \times 0.453 = 1.59 \text{ kA}$$

3.1.5　变压器两相不接地短路

3.1.5.1　短路侧变压器绕组中性点不接地时

变压器两相不接地短路示意图如图 3 - 27 所示。

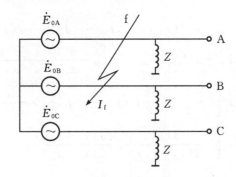

图 3 - 27　变压器 A、B 两相不接地短路示意图

其中,Z 为变压器每相所带的负荷。系统短路的边界条件为

$$U_{\text{A}} = U_{\text{B}}$$
$$I_{\text{C}} = I_{\text{C}+} + I_{\text{C}-} + I_0 = 0$$

由于在此电路中 $x_0 = \infty, x_+ = x_- = x, Z \gg x$,变压器两相短路不接地的复合序网图如图 3 - 28 所示。

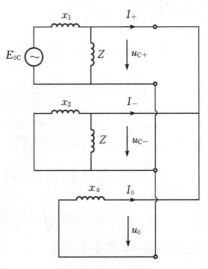

图 3 - 28　变压器 A、B 两相不接地短路复合序网图

$$I_+ + I_- + I_0 = 0$$

由于在此电路中 $x_0 = \infty_0$，$x_+ = x_- = x$，$Z \gg x$，变压器两相短路不接地的复合序网图如图 3-29 所示。

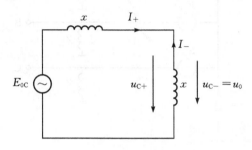

图 3-29　变压器 A、B 两相不接地短路简化复合序网图

$$I_+ = -I_- = \frac{E_{0C}}{2x}, I_0 = 0$$

$$U_{C+} = U_{C-} = U_{C0} = \frac{E_{0C}}{2x} \times x = \frac{E_{0C}}{2}$$

$$I_C = I_+ + I_- + I_0 = 0 + \frac{E_{0C}}{2x} - \frac{E_{0C}}{2x} = 0$$

$$I_A = I_0 + I_+ e^{-j120} + I_- e^{j120} = \frac{E_{0C}}{2x}(e^{-j120} - e^{j120}) = -j\frac{\sqrt{3}E_{0C}}{2x}$$

$$I_B = I_0 + I_+ e^{j120} + I_- e^{-j120} = \frac{E_{0C}}{2x}(e^{j120} - e^{-j120}) = j\frac{\sqrt{3}E_{0C}}{2x}$$

此时在短路点 f 处，各相电压为

$$\dot{U}_C = U_{C+} + U_{C-} + U_0 = \frac{3E_{0C}}{2} = \frac{3}{2}E_{0C}$$

$$\dot{U}_A = U_0 + U_{C+} e^{-j120} + U_{C-} e^{j120} = 0$$

$$\dot{U}_B = U_0 + U_{C+} e^{j120} + U_{C-} e^{-j120} = 0$$

即：发生相间短路的两相电流相等，方向相反，幅值是三相对称短路电流的 0.866 倍。短路两相的电压为 0，健全相电压升高到相电压的 1.5 倍。变压器中性点的电位升高到 0.5 倍相电压。

3.1.5.2　短路侧变压器绕组中性点接地时

变压器两相短路不接地示意图如图 3-30 所示。

虽然变压器中性点接地，变压器及所连电网从短路点看进去的零序回路仍无通路，其复合序网图及计算结果仍如中性点不接地的情况一样。

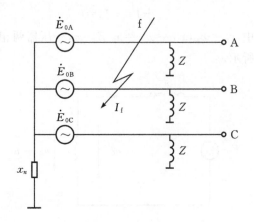

图 3-30　变压器 A、B 两相短路不接地示意图

3.1.6　变压器缺相运行

一般在电网正常运行中,发生断线的可能性极小,但是断路器出现非全相合闸,或分相操作的断路器在正常运行中突然一相跳闸(偷跳)、一相隔离开关合闸不到位等故障还是时有发生的。

3.1.6.1　缺相侧负荷中性点不接地时

如图 3-31 所示的电路,正常运行时,在 A 相 f 点断线。即 $I_A = 0$,Z_L 为负荷阻抗。

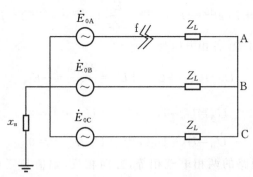

图 3-31　变压器 A 相缺相(缺相侧变压器绕组中性点不接地)

系统运行的边界条件为

$$I_A = I_{A+} + I_{A-} + I_0 = 0;\ x_n = \infty$$

复合序网图如图 3-32 所示。

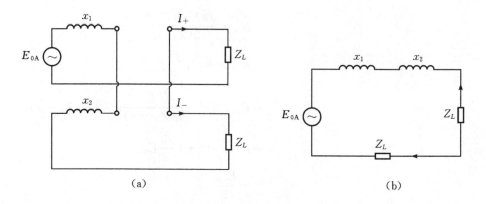

$$\text{(a)} \qquad\qquad\qquad\qquad\qquad \text{(b)}$$

图 3-32 变压器 A 相缺相(缺相侧变压器绕组中性点不接地)复合序网图

电路中无零序回路,所以

$$I_{A+} = -I_{A-} = I = \frac{E_{0A}}{x_1 + x_2 + 2Z_L}$$

$$I_0 = 0, \; x_1 = x_2 = x$$

所以

$$I_{A+} = -I_{A-} = \frac{E_{0A}}{2(x + Z_L)}$$

A 相电流

$$\dot{I}_A = I_0 + I_{A+} + I_{A-} = 0$$

B 相电流

$$\dot{I}_B = I_0 + I_{A+} e^{-j120} + I_{A-} e^{j120} = \frac{E_{0A}}{2(x + Z_L)} (e^{-j120} - e^{j120})$$

$$= \frac{\sqrt{3} E_{0A}}{2(x + Z_L)} e^{-j90}$$

C 相电流

$$\dot{I}_C = I_0 + I_{A+} e^{j120} + I_{A-} e^{-j120} = \frac{E_{0A}}{2(x + Z_L)} (e^{j120} - e^{-j120})$$

$$= \frac{\sqrt{3} E_{0A}}{2(x + Z_L)} e^{j90}$$

也就是说,A 相断线后,健全相 B、C 相的电流是 A 相断线前正常运行电流的 0.866 倍,且方向相反。

中性点的电压为

$$\dot{U}_0 = \dot{U}_{B0} = \dot{U}_{C0}$$

$$= \dot{E}_{0C} - \dot{I}_C \times (Z_L + x)$$

$$= \dot{E}_{0B} - \dot{I}_B \times (Z_L + x)$$

$$= \dot{E}_{0C} - \frac{\sqrt{3}\,E_{0A}(Z_L+x)}{2(Z_L+x)}e^{j90}$$

$$= E_{0A}e^{j120} - j\frac{\sqrt{3}}{2}E_{0A}$$

$$= E_{0A}e^{-j120} - \frac{\sqrt{3}\,E_{0A}}{2(Z_L+x)}e^{-j90}\times(Z_L+x)$$

$$= E_{0A}e^{-j120} + j\frac{\sqrt{3}}{2}E_{0A}$$

$$= -\frac{E_{0A}}{2}$$

上面分析了变压器缺一相时，变压器中性点的电压为相电压的 1/2；当变压器缺两相运行，即变压器只有一相与电网相连时，这时变压器中性点的电压就等于相电压。

例 3-6 220 kV 东平站 2 号主变中性点间隙击穿、变压器跳闸故障。

故障现象：正常运行中的东平站 2# 主变压器于 2015 年 5 月 7 日 18 点 14 分 50 秒，中性点间隙击穿，高压侧间隙过流保护动作，保护跳开主变三侧开关。

1.故障前运行方式

220 kV 东平站故障前运行方式：

3# 主变高、中压侧中性点直接接地运行，2# 主变高、中压侧中性点不接地运行。

220 kV 路东一线 263 开关、3# 主变 203 开关运行于 220 kV Ⅰ 段母线；220 kV 路东二线 264 开关、2# 主变 202 开关运行于 220 kV Ⅱ 段母线，220 kV 母联 212 开关运行将 220 kV Ⅰ、Ⅱ 段母线并列运行。

2.故障情况

220 kV 东平站 2# 主变故障情况对应简化接线图如图 3-33 所示。

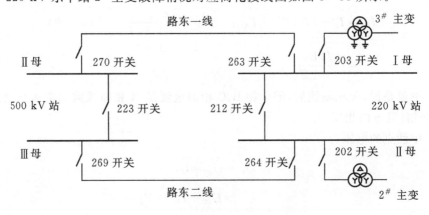

图 3-33 故障情况对应简化接线图

3.保护动作行为分析

1)500 kV 路兴站 220 kV Ⅲ段母线故障保护动作过程

在图 3-34 所示的保护录波图中,图标⑤59 ms,220 kV 母线 B 相二次电压发生突变并降为 0 V,母联 223 开关出现故障电流(见通道 151、137)。图标⑦112 ms,

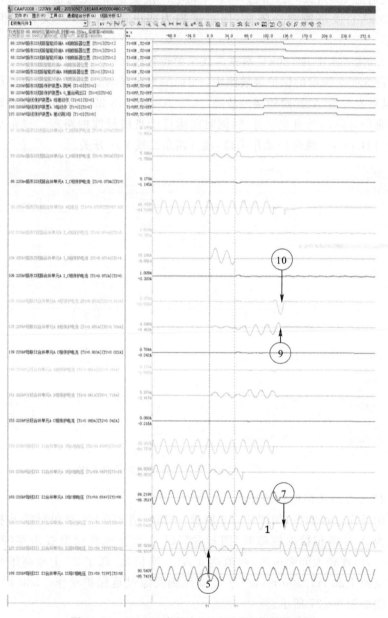

图 3-34　500 kV 路兴站 220 kV GIS 保护录波图

220 kV母线 A 相二次电压发生突变也突降为 0 V(见通道 179),母联 223 开关 A 相电流迅速增大(见通道 135),表明此时 220 kV 母线 A 相也发生金属性接地故障。图标⑨124 ms,母联 223 开关 B 相故障电流消失(见通道 137),220 kVⅡ段母线 B 相电压恢复正常(见通道 187)。图标⑩130 ms,母联 223 开关 A 相故障电流消失(见通道 135),220 kVⅡ段母线 A 相电压恢复正常(见通道 185),220 kV 系统与220 kVⅢ段母线完全隔离(因东平侧为弱电源侧,269 开关仅提供较小故障电流)。

2)220 kV 东平站 220kV 路东二线保护动作过程

在图 3-35 所示的保护录波图中,图标①为路兴站发生 220 kVⅢ段母线 B 相接地,其后发展为 A、B 两相接地故障(图标②),路兴站 220 kV 母线保护动作切除连接于Ⅲ段母线的所有支路开关,同时向运行于Ⅲ段母线的路东二线东平侧发远跳命令,121 ms,远跳保护动作出口,跳开路东二线 264 开关。

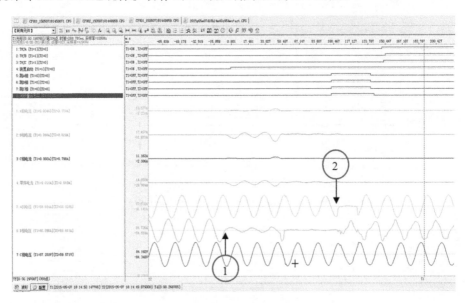

图 3-35   220 kV 路东二线跳闸保护录波图

3)2#主变高压侧间隙动作

保护动作过程如下:如图 3-36 所示,在路兴站 220 kV Ⅲ段母线 B 相接地故障发展为 A、B 两相接地故障时(图标③),2#主变高压侧间隙被击穿(间隙距离 335 mm),出现较大间隙电流,幅值达 6 A(二次值)。高于 2#主变高压侧间隙过流保护定值 1.25 A。500 ms,2#主变高压侧间隙过流保护动作。220 kV 母线故障录波图如图 3-37 所示。

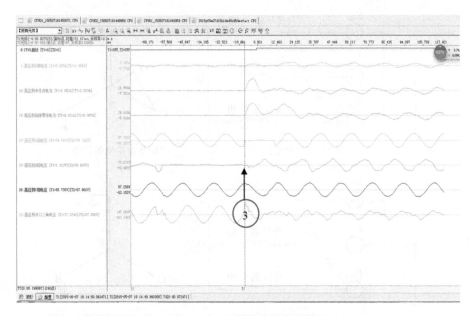

图 3 - 36　2#主变保护录波图

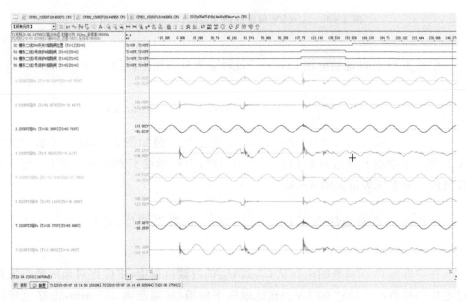

图 3 - 37　220 kV 母线故障录波图

4.故障原因分析

当路兴站 220 kVⅢ段母线发生 B 相接地,简化接线电路如图 3 - 38(a)所示,此时,变压器各绕组上的电压矢量如图 3 - 38(b)所示。

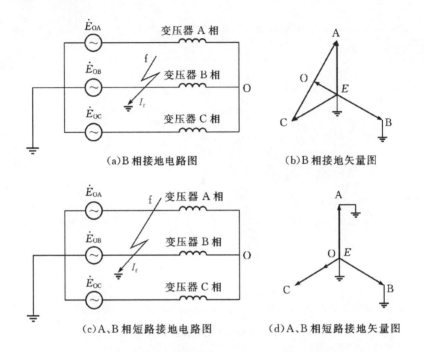

(a)B相接地电路图　　　　　(b)B相接地矢量图

(c)A、B相短路接地电路图　　　(d)A、B相短路接地矢量图

图 3-38　220 kV 母线故障录波图、电路图和矢量图

中性点 O 点对地的电压 $U_{01}=\dfrac{\dot{E}_B}{2}$；以 $\dot{E}_B$ 为参考相位，则 $U_{01}=\dfrac{E}{2}\sin\omega t$，

$$E=\frac{220\sqrt{2}}{\sqrt{3}}\times180\ \text{kV}，所以\ U_{01}=90\sin\omega t\ \text{kV}$$

当故障发展成 A、B 相短路接地时，简化接线电路如图 3-38(c)所示，此时，A、B 相高压绕组并联后与 C 相高压绕组串联，共同承受 C 相电压。所以，变压器各绕组上的电压矢量如图 3-38(d)所示。

中性点 O 点对地的电压 $U_{02}=\dfrac{\dot{E}_C}{3}$；以 $\dot{E}_C$ 为参考相位，则 $U_{02}=\dfrac{E}{3}\sin(\omega t-120°)=60\sin(\omega t-120°)$

在中性点 O 点对地的电压从 U_{01} 到 U_{02} 的过渡过程中，中性点对地的暂态振荡过电压的峰值不会超过 90 kV。在此电压下间隙(间隙距离 335 mm，击穿电压峰值不大于 $146\sqrt{2}=206$ kV)不会被击穿。从录波图中可以看出，A 相接地后，发生了反复的重燃。当 A 相接地电弧燃烧时，以峰值是 60 kV 的 U_{02} 为稳态中心进行振荡；当 A 相接地电弧熄灭时，以峰值是 90 kV 的 U_{01} 为稳态中心进行振荡。

从录波图看，中性点电压(零序电压)峰值超过了相电压稳态峰值的 2 倍，即

360 kV。从结果来看,中性点间隙发生了击穿,也就是说中性点电压超过了206 kV。间隙出现较大电流,如图 3-36 图标③位置。间隙过流保护动作,跳三侧开关。

3.1.6.2　缺相侧负荷中性点接地时

中性点接地,发生单相断线后,如果负荷侧中性点不接地,零序网络不构成回路,其复合序网图同上,所以考虑负荷侧中性点也接地的情况,如图 3-39 所示。

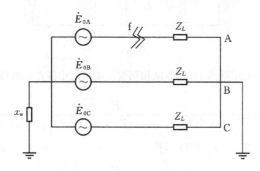

图 3-39　变压器 A 相缺相(缺相侧变压器中性点接地)

在图 3-39 中,断线点在 f 处,Z_L 为正常运行时的负荷阻抗,x_n 为变压器中性点接地阻抗。

复合序网图如图 3-40 所示。

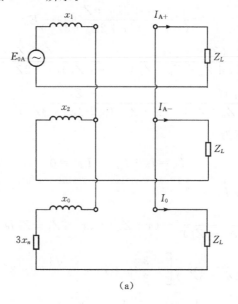

(a)

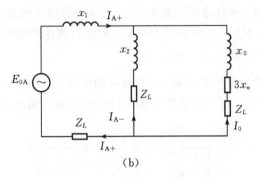

图 3-40 变压器 A 相缺相(缺相侧变压器绕组中性点接地)复合序网图

$$I_{A+} = \frac{E_{0A}}{x_1 + Z_L + (x_2 + Z_L)//(x_0 + 3x_n + Z_L)}$$

设 $x_1 = x_2 = x, Z_0 = x_0 + 3x_n$，则

$$I_{A+} = \frac{E_{0A}}{x + Z_L + (x + Z_L)//(Z_0 + Z_L)}$$

$$= \frac{E_{0A}}{x + Z_L + \dfrac{(x + Z_L)(Z_0 + Z_L)}{x + Z_L + Z_0 + Z_L}}$$

$$= \frac{x + 2Z_L + Z_0}{(x + Z_L)(x + 2Z_0 + 3Z_L)} E_{0A}$$

$$I_{A-} = -\frac{(Z_0 + Z_L)I_{A+}}{(x + Z_L + Z_0 + Z_L)} = \frac{-(Z_0 + Z_L)}{(x + Z_L)(x + 2Z_0 + 3Z_L)} E_{0A}$$

$$I_0 = -\frac{(x + Z_L)I_{A+}}{(x + Z_L + Z_0 + Z_L)} = \frac{-(x + Z_L)}{(x + Z_L)(x + 2Z_0 + 3Z_L)} E_{0A} = \frac{-E_{0A}}{x + 2Z_0 + 3Z_L}$$

断线后各相电流为

$$\dot{I}_A = I_0 + I_{A+} + I_{A-} = 0$$

$$\dot{I}_B = I_0 + I_{A+} e^{-j120} + I_{A-} e^{j120}$$

$$= \frac{E_{0A}}{(x + Z_L)(x + 2Z_0 + 3Z_L)} \left[-(x + Z_L) + (x + 2Z_L + Z_0)e^{-j120} - (Z_0 + Z_L)e^{j120} \right]$$

$$= \frac{E_{0A}}{(x + Z_L)(x + 2Z_0 + 3Z_L)} \left[-\frac{3}{2}(x + Z_L) - j\frac{\sqrt{3}}{2}(x + 3Z_L + 2Z_0) \right]$$

$$= -\sqrt{3} E_{0A} \left(\frac{\sqrt{3}}{2} \times \frac{1}{x + 2Z_0 + 3Z_L} + j \frac{1}{2} \times \frac{1}{x + Z_L} \right)$$

$$\dot{I}_C = I_0 + I_{A+} e^{j120} + I_{A-} e^{-j120}$$

$$= \frac{E_{0A}}{(x+Z_L)(x+2Z_0+3Z_L)}\left[-\frac{3}{2}(x+Z_L)+j\frac{\sqrt{3}}{2}(x+3Z_L+2Z_0)\right]$$

$$=\sqrt{3}E_{0A}\left(-\frac{\sqrt{3}}{2}\times\frac{1}{x+2Z_0+3Z_L}+j\frac{1}{2}\times\frac{1}{x+Z_L}\right)$$

也就是说,断线相电流 $I_A=0$,非断线相两相电流之和不为 0。流过变压器中性点的电流为 3 倍零序电流,即

$$I_N=3I_0=\frac{3E_{0A}}{x+2Z_0+3Z_L} \qquad (3-36)$$

此时,变压器中性点电压为

$$U_N=3I_0x_n=\frac{3E_{0A}x_n}{x+2Z_0+3Z_L} \qquad (3-37)$$

3.1.6.3 变压器缺相运行故障案例分析

1.事件经过

某 220 kV 变电站 2# 主变完成投运前的 5 次冲击合闸。为满足 220 kV 侧单台变压器中性点接地运行的要求,操作人员拉开 2# 主变 220 kV 侧中性点接地刀闸。在拉开刀闸的瞬间,刀闸动、静触头间产生拉弧,并随着电动机构的行进持续燃弧,直至拉至一定距离,电弧熄灭。刀闸拉开后,主变声音异常,同时发现该 2# 主变 10 kV 侧 C 相避雷器冒烟,随即停运 2# 主变。

2# 主变参数如下:

型号:SFSZ11－240000/220　　　　接线组别:YNyn0d11

额定容量:240000 kVA　　　　　　电压比:230±8×1.25%/121/10.5

额定电压:230 kV　　　　　　　　额定电流:602.45 A/1145.16 A/6598.29 A

短路阻抗:H－M:14.12%;H－L:37.25% ; M－L:20.98%

负载损耗:H－M:(100%容量)585.2 kW

　　　　　H－L:(50%容量)355.36 kW

　　　　　M－L:(50%容量)340.16 kW

空载电流:0.083%　　　　　　　　空载损耗:102.11 kW

冷却方式:ONAF　　　　　　　　　总重:288 t

2.故障分析

对 2# 主变三侧 PT、避雷器、管型母线等进行检查,检查情况见表 3－1。

表 3－1　检查情况表

设备名称	电压等级	位　置	检查情况
PT	10 kV	2# 主变 10 kV 侧 C 相	击穿、完全损坏

设备名称	电压等级	位 置	检查情况
避雷器	220 kV	2# 主变 220 kV 侧 B 相	动作两次,且 1 mA 直流参考电压下降 40% 以上,同时泄漏电流超过标准规定的 50 μA,达到 200 μA 以上
管型母线	10 kV	2# 主变 10 kV 侧	绝缘电阻明显下降,怀疑管母导体与屏蔽层间绝缘已击穿

调取拉弧故障期间的故障录波图,对故障前后电压、电流信号进行梳理发现:

当天 2# 主变共进行 5 次充电,每次充电后 220 kV 侧立即出现零序电压以及逐渐衰减的零序电流,且峰值较大,如图 3-41、图 3-42、图 3-43、图 3-44 所示。

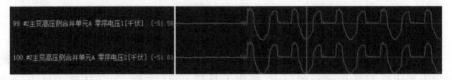

图 3-41　2# 主变第四次充电合闸前后 220 kV 侧零序电压波形

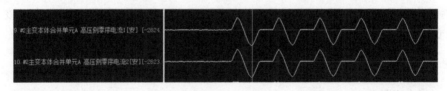

图 3-42　2# 主变第四次充电合闸前后 220 kV 侧零序电流波形

图 3-43　2# 主变第五次充电合闸前后 220 kV 侧零序电压波形

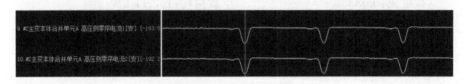

图 3-44　2# 主变第五次充电合闸前后 220 kV 侧零序电流波形

从以上波形图可以看出,每次合闸瞬间即产生零序电压及零序电流,从第四次合闸波形图上看,零序电压及电流幅值异常大,通过变比确认零序电压最大达到 50 kV 以上,零序电流最大达到 2000 A 以上,且波形畸变严重。

从拉弧前后波形判断，拉开中性点刀闸前 2# 主变已完成第五次充电 20 分钟，拉开瞬间前零序电压为 11 kV 左右，与充电刚开始幅值基本一致，但波形已呈周期性振荡衰减态势，在拉开的瞬间，零序电压峰值增至 28 kV 以上，并振荡衰减，零序电流峰值陡增至 1000 A 以上，同样振荡衰减。

结合拉开中性点刀闸产生电弧，且变压器声响异常变大的现象分析，基本确定了之前的零序电压是造成拉弧的主要原因，而拉弧瞬间可能为零序电压达到峰值附近的时刻，从而产生拉弧，但产生该零序电压的原因仍需进一步分析。

对 220 kV 各相电压、电流波形进行分析，从每次变压器充电录波图上看，各相电压均呈现为标准的正弦波，且峰值、有效值、相位正确，如图 3-45 所示。

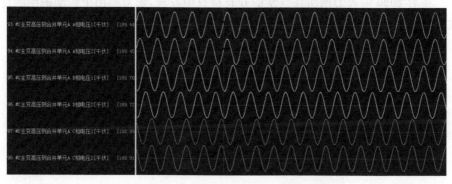

图 3-45　2# 主变 220 kV 侧各相电压波形

对比每次充电前后 2# 主变 220 kV 侧各相保护电流时，发现 220 kV 侧 B 相保护电流在每次充电后均接近于 0，而 A、C 相却有明显的电流波形。同样的规律在拉开中性点刀闸的瞬间的录波图上呈现，如图 3-46 所示。

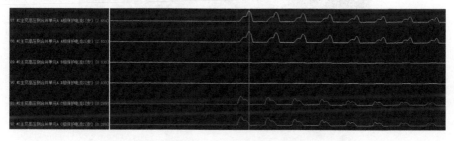

图 3-46　2# 主变 220 kV 侧各相保护电流波形

对于各相电压波形正常，而电流波形却异常的情况，在查看该站电气主接线图后得知该录波图实际监测的为 220 kV 侧母线电压，电压及电流信号均取自于 220 kV 侧 GIS 内的 PT 与 CT。对于中性点有如此大的零序电流，而零序电流保护却未动作的情况，究其原因是由于主变零序电流保护信号取自于主变中性点间隙串联的电流互感器，因此只要间隙未击穿，零序保护就不会动作。

结合以上信息,虽然 2# 主变 220 kV 侧 202 断路器,2026 刀闸显示合位,但电气机构仍有可能合闸不成功,存在非全相合闸的可能,即 B 相合闸并未成功,从而主变三相不平衡,中性点电位抬升,形成很大的零序电流。

3.验证

初步判断后,试验人员对 2# 主变 220 kV 侧 GIS 断路器进行试验检查。通过导通试验及绝缘试验发现主变 220 kV 侧 GIS 中 B 相 2026 隔离刀闸未导通,经反复试验,并与 1# 变进行比对,基本确认了 2# 主变非全相合闸的事实,即 220 kV 侧 B 相 2026 刀闸显示合闸实则处于分位。

在对 2026 隔离刀闸所在气室的开仓检查中发现,该刀闸用于传动的绝缘连杆破裂,导致无法传动动触头(如图 3-47、图 3-48 所示)。

图 3-47　绝缘拉杆破损

图 3-48　绝缘拉杆破损

此例与图 3-39 类似,左侧电路为 220 kV 系统,右侧为 2# 主变。此时,系统的正序阻抗与系统的负序阻抗相等,即 $x_1 = x_2$。由于变压器存在一个△接线的第三绕组,所以系统的零序阻抗 x_0 小于 x_1。220 kV 系统为变压器中性点直接接地,所以 $x_n = 0$。2# 主变的励磁阻抗 Z_M,是 x_1 的数千倍。

根据式(3-36),2# 主变中性点刀闸闭合时,流过 2# 主变中性点的电流约为:

$I_N = E_{0A}/Z_M$,即为 2$^\#$ 主变 220 kV 侧的空载励磁电流。该变压器 220 kV 侧的空载励磁电流约 0.5 A,所以在中性点刀闸拉开过程中有电弧产生。

当 2$^\#$ 主变中性点刀闸断开后,情况类似于图 3-31。此时,流过 2$^\#$ 主变中性点的电流:$I_N = 0$。

变压器高低绕组接线图及各绕组电压向量图如图 3-49 所示。随着中性点刀闸断口电弧的熄、燃,加在高压绕组 A、C 上的电压峰值在 $0.866E_{0A} \sim E_{0A}$ 之间振荡。由于三绕组变压器的接线组别为 Yn0,Yn,d11,10 kV 低压绕组 a、c 上的电压也将在 $0.866E_{0a} \sim E_{0a}$ 之间振荡。

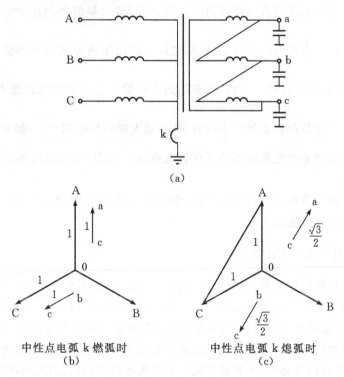

中性点电弧 k 燃弧时
(b)

中性点电弧 k 熄弧时
(c)

图 3-49 变压器高低绕组接线图及各绕组电压向量图

由于 B 相断路器没有合到位,所以 B 相没有外施电压。假设电弧 K 在 $U_A = 1$ 的时刻熄灭,则:

(1)电弧熄灭前各绕组电压瞬时值(标幺值)分别为:

$$U_{A0} = 1, U_{C0} = -1/2; U_{ac} = 1, U_{cb} = -1/2, U_{ba} = -1/2$$

由于 U_{ba} 有电压,励磁后高压 B 相也感应出电压 $U_{B0} = -1/2$。

如果变压器低压出口各相对地电容均相等,则此时 10 kV 出口各相对地电压分别为:U_a、U_b、U_c。

由于初始时三相电容上的电荷为 0,所以 $C(U_a + U_b + U_c) = 0$,也就是 $U_a + U_b +$

$U_c=0$。而 $U_a-U_c=1, U_c-U_b=-1/2$，所以得出：

$$U_a=1/2, U_b=0, U_c=-1/2$$

(2)电弧熄灭后各绕组电压瞬时值(标幺值)分别为：

$$U'_{A0}=3/4, U'_{C0}=-3/4; U'_{ac}=3/4, U'_{cb}=-3/4, U'_{ba}=0$$

励磁后高压 B 相感应出电压 $U'_{B0}=0$。此时 10 kV 出口各相对地电压分别为：

$$U'_a=1/4, U'_b=1/4, U'_c=-1/2$$

从上面的分析可以看出，随着 2# 主变中性点刀闸拉开、电弧熄灭，高压 B 相的电压将从 $-\dfrac{1}{2}$ 以振荡方式向稳态值 0 过渡，期间最大幅值将到达 $+\dfrac{1}{2}$。如果在振荡达到正峰值 $+\dfrac{1}{2}$ 的时刻电弧重燃，则电压又将以振荡方式向新的稳态值 $-\dfrac{1}{2}$ 过渡，期间最大幅值将达到 $-\dfrac{3}{2}$；在振荡达到正峰值 $+\dfrac{3}{2}$ 的时刻电弧熄灭，则电压又将以振荡方式向新的稳态值 $-\dfrac{1}{2}$ 过渡，期间最大幅值将达到 $-\dfrac{5}{2}$；如此多次燃、熄，电压将升高直到某个绝缘薄弱的元件首先损坏。同理，变压器低压出口各相对地电压亦如此。

通过上面的分析，可以知道，除高、中压 A、C 相避雷器外，2# 主变各侧出口的其他避雷器都有可能损坏。

3.1.7　变压器匝间短路

变压器的匝间短路是造成变压器内部故障的主要原因之一。由于变压器的相间以及同相各电压等级的绕组间距离较大，有绝缘围屏、油道组成的绝缘屏障，绝缘强度大，且通过耐压试验、绝缘电阻试验、泄漏电流试验等可以检查其绝缘存在的问题。而匝间绝缘往往不好通过试验手段发现是否存在问题，特别是轻微匝间短路后，变压器仍可运行，不易被发觉。但故障不排除，轻微的匝间短路会发展，造成变压器绕组绝缘碳化、线圈烧毁等后果。因此，分析变压器内部匝间故障引起的变压器外部特性的变化，有利于提前发现绕组内部匝间短路故障，避免造成更大损失。下面以一个实例来分析。

某变电站安装有两台主变压器，故障前两台变压器同时投入运行，其中 2# 主变高压中性点直接接地，1# 主变高压中性点不接地。1# 变压器在运行中重瓦斯保护动作。1# 主变故障前的负荷约 30 MVA。当天，变电站未进行操作，凌晨有雷击。2# 主变高压出线避雷器有动作记录，而 1# 主变高压出线避雷器无动作记录。1# 主变的主要参数如下：

变压器型号：SFPSZ7 - 120000/220

接线组别:Yn0,Yn,d11

额定电压:230±9×1.5%/121/10.5 kV

额定容量:120 MVA/120 MVA/60 MVA

短路阻抗:H-M:13.25%,H-L:23.2%,M-L:7.7%

投运时间:1993 年 5 月 8 日

故障录波如图 3-50 所示,记录到流过变压器绕组的故障电流稳态有效值分别为:高压 A 相 60 A,B 相 169 A,C 相 211 A;中压及低压电流三相对称。

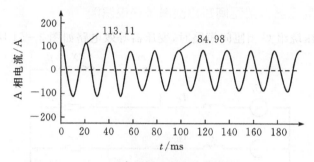

(a)高压侧 A 相电流波形图

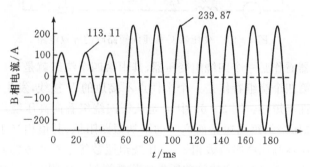

(b)高压侧 B 相电流波形图

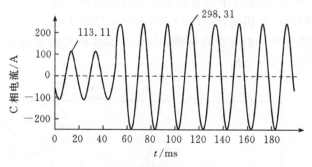

(c)高压侧 C 相电流波形图

图 3-50 故障变压器高压侧录波器波形图

根据录波图分析,短路电流的稳态值不大,初步判断为 $1^{\#}$ 主变压器高压绕组 B、C 相相间短路,短路部位靠近中性点附近,估计在有载分接开关接线桩头处,或调压绕组引线处。吊罩后,发现变压器有载分接开关及调压绕组引线完好,高压绕组 C 相高压出线端附近匝间短路,是典型的、由陡波引起的匝间绝缘损坏故障。在实验室对 $1^{\#}$ 主变高压出线避雷器的动作计数器进行试验,发现其动作电流分散性很大,不能正确计数。

下面通过等效电路图,从理论上对上述现象进行分析。

3.1.7.1　变压器内部匝间短路故障等效电路图

变压器高压绕组 C 相匝间短路时,变压器等效电路如图 3-51 所示。

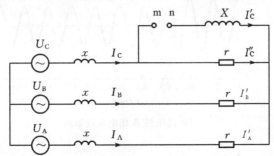

图 3-51　变压器 C 相匝间短路时的等效电路

将该变压器看作是一个四绕组变压器,其中第四个绕组就是形成匝间短路的那部分绕组。将第四个绕组看作是一个中性点不接地的 Y 接线,发生匝间短路时,相当于某相与中性点短接。图 3-51 中 x 是从第四绕组看向高压绕组的正(负)序阻抗;X 是由于高压绕组匝间短路而产生的附加短路阻抗,其值相当于一台高压绕组匝数与故障变压器高压绕组匝数相等,低压绕组匝数等于故障短路匝数的单相变压器的短路阻抗值;r 为 $1^{\#}$ 主变故障前所带负荷折算到高压侧的等效阻抗。根据无功就地补偿原则,从 $1^{\#}$ 主变高压侧看进去的负荷近似为纯阻性负荷。30 MVA 的负荷,其线电流约为 80 A,因此,$r=220 \times 10^3/80 \times 1.732=1587$ Ω。

将所有元件参数均折算至高压侧,从 m、n 端看进去的变压器的正序、负序和零序等效电路如图 3-52 所示。

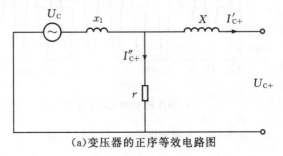

(a)变压器的正序等效电路图

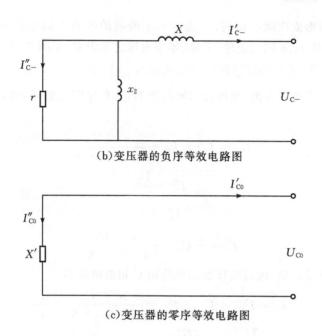

(b)变压器的负序等效电路图

(c)变压器的零序等效电路图

图 3-52　变压器的等效电路图

由于该变压器低压绕组为△接线。匝间短路前,形成匝间短路的短路匝与高压绕组可以看作是一个开路的自耦变压器;匝间短路后,从电路上说,是从短路匝两端流入的零序电流与高压绕组形成电气回路;从磁路上看,铁芯无论是三芯还是五芯,零序磁通都可以流通。由于该变压器低压绕组为△接线,所以其零序阻抗等于该变压器的高压绕组短路匝到低压绕组间的短路阻抗,即 X'。

$1^{\sharp}$ 主变压器运行时,高压中性点不接地。因此,从系统上看,没有零序电流通过高压绕组流入系统。上述等效电路中的零序回路,

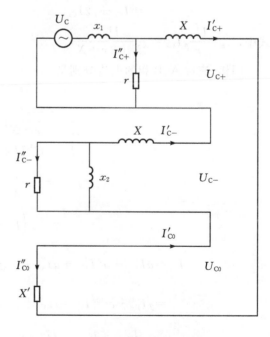

图 3-53　序网图

实际上是高压绕组中形成匝间短路部分的绕组之间形成的零序通路。

高压绕组形成匝间短路时,如图 3－51 所示的等效电路中的 m、n 短接。图 3－52 中的 C 相 m、n 间的正序、负序、零序电压之和为零,如图 3－53 所示。

3.1.7.2　变压器内部故障电压与电流矢量分析

从图 3－53 可以看出,变压器对短路匝的正、负序阻抗相等,即:$x_1 = x_2 = x$, 比 r 小得多。

$$I'_{C+} = I'_{C-} = I'_{C0} = \frac{e^{-j90}U_C}{2X + 2x + X'}$$

$$I''_{C+} = \frac{U_C}{r}$$

$$I''_{C-} = 0 \qquad\qquad (3-38)$$

$$I''_{C0} = -I'_{C0} = \frac{-e^{-j90}U_C}{2X + 2x + X'}$$

匝间短路故障后,流过变压器高压绕组 C 相的电流为

$$I_C = I'_{C+} + I'_{C-} + I''_{C+} = \frac{2e^{-j90}U_C}{2X + 2x + X'} + \frac{U_C}{r}$$

$$= \frac{U_C}{r} - \frac{j2U_C}{2X + 2x + X'}$$

$$= I_{Cr} - j2I_{Cx}$$

式中,$I_{Cr} = \dfrac{U_C}{r}$,$I_{Cx} = \dfrac{U_C}{2X + 2x + X'}$。

同样,流过 A、B 相的电流分别是

$$I_A = a^2 I'_{C+} + a I'_{C-} + a^2 I''_{C+}$$

$$= \frac{-e^{-j90}U_C}{2X + 2x + X'} + \frac{e^{-j120}U_C}{r}$$

$$= jI_{Cx} + e^{j120}I_{Cr}$$

$$= jI_{Cx} + \left(-\frac{1}{2} - j\frac{\sqrt{3}}{2}\right)I_{Cr}$$

$$= -\frac{I_{Cx}}{2} + j\left(I_{Cx} - \frac{\sqrt{3}}{2}I_{Cr}\right) \qquad\qquad (3-39)$$

$$I_B = a I'_{C+} + a^2 I'_{C-} + a I''_{C+} = \frac{-e^{-j90}U_C}{2X + 2x + X'} + \frac{e^{j120}U_C}{r}$$

$$= jI_{Cx} + e^{j120}I_{Cr} = jI_{Cx} + \left(-\frac{1}{2} + j\frac{\sqrt{3}}{2}\right)I_{Cr}$$

$$= -\frac{I_{Cr}}{2} + j\left(I_{Cx} + \frac{\sqrt{3}}{2}I_{Cr}\right) \qquad\qquad (3-40)$$

故障前,$1^\#$ 主变压器高压侧带负荷 30 MVA,流过变压器高压绕组的电流约

80 A,即

$$\left|\frac{U_a}{r}\right| = \left|\frac{U_b}{r}\right| = \left|\frac{U_c}{r}\right| = 80 \text{ A}$$

根据前面的分析,r 为纯阻性,$(2X+2x+X')$ 为纯感性,因此,故障时流过变压器高压绕组 C 相的电流由两部分组成,其中 $I_{Cr} = U_C/r$ 与电压同相;$I_{Cx} = U_C/(2X+2x+X')$ 落后 C 相电压 90°。故障时,C 相电流为 211 A,所以

$$I_{Cr} = \frac{U_C}{r} = 80 \text{ A}$$

$$I_{Cx} = \frac{U_C}{2X+2x+X'}$$

$$= \frac{\sqrt{211^2 - 80^2}}{2} = \frac{195.2}{2} = 97.6 \text{ A}$$

所以
$$I_C = 211e^{-j90.56} \text{ A}$$

将 I_{Cr} 和 I_{Cx} 的值代入式(3-38)和式(3-39)可以计算出

$$I_A = -\frac{I_{Cr}}{2} + j\left(I_{Cx} - \frac{\sqrt{3}}{2}I_{Cr}\right)$$

$$= -40 + j(97.6 - 40\sqrt{3})$$

$$= -40 + j28.3 = 49e^{j144.72} \text{ A}$$

$$I_B = -\frac{I_{Cr}}{2} + j\left(I_{Cx} + \frac{\sqrt{3}}{2}I_{Cr}\right)$$

$$= -40 + j(97.6 + 40\sqrt{3})$$

$$= -40 + j166.88 = 171e^{j103.48} \text{ A}$$

若以 C 相故障电流为参考($211e^{j0}$ A,相位为 0),则其他两相故障电流为

$$I_A = 49e^{-j124.72} \text{ A}$$

$$I_B = 171e^{-j165.96} \text{ A}$$

各相电压与各相故障电流的矢量图如图 3-54 所示。由此可见,上述计算值与故障录波器记录的 $I_A = 60$ A,$I_B = 169$ A 非常接近,从故障录波图也可以看出,各相故障电流间的相位关系也与计算值非常接近。

通过本案例可知,发生匝间短路时,可观测到的外特性变化只有三相电流的差异。从本例的三相电流之间的相位关系,很容易判断成相间短路。发生匝间短路后,三相电流的大小与高压绕组对短路匝之间的短路阻抗 X 的大小密切相关。短路匝数多,则 X 小;反之,则 X 大。当 X 很大时,几乎不会引起电流的变化,变压器往往还可继续运行,看不到任何电气特性的变化。因此,用三相电流的差异来分析,误判的可能性很大。

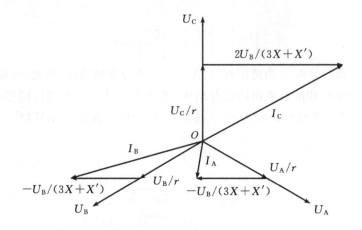

图 3-54　各相电压与故障电流的关系图

目前的绝缘试验无法检测出匝间短路,若非金属性短接或金属性短接的匝数占比较小时,直流电阻测量也很难发现问题,唯一有效的手段是油色谱分析,匝间短路发生后,油将分解出 C_2H_2、CO、CO_2 等气体。

3.1.8　变压器励磁涌流

当变压器合闸时,可能产生很大的电流,即变压器励磁涌流(又称合闸涌流),这是由铁芯磁饱和产生的。励磁涌流通常在接通电源 1/4 周期后开始产生,幅度最大值可能超过变压器额定电流的几倍甚至几十倍,持续时间较长,从数十个周波到数十秒不等。励磁涌流的幅度与变压器的二次负荷无关,但持续时间与二次负荷有关,二次负荷越大则涌流持续的时间越短,二次负荷越小则涌流持续的时间越长,因此空载变压器涌流持续的时间最长。

变压器的容量越大,涌流的幅度越大,持续的时间越长。当在电压过零时刻投入变压器,且变压器铁芯中残存有反向剩磁时,会产生最严重的磁饱和现象,此时励磁涌流最大。在电压峰值时刻投入变压器,且变压器铁芯中无残存剩磁时,不会产生磁饱和现象,因此不会出现励磁涌流。

综上所述,变压器励磁涌流的大小,与变压器的容量、合闸相位、铁芯残存的剩磁大小和方向等因素有关。变压器涌流的持续时间,则与变压器的容量、二次负荷、绕组电阻值等因素有关。

3.1.8.1　变压器励磁涌流的大小

如图 3-55 所示,当变压器二次侧开路而一次侧接入电网时,一次电路的方程为

$$u_1 = u_m\cos(\omega t + \alpha) = i_1 R_1 + N_1 \frac{d\varphi}{dt} \tag{3-41}$$

式中,u_1 为一次电压,u_m 为一次电压的峰值,α 为合闸瞬间的电压初相角,R_1 为变压器一次绕组的电阻,N_1 为变压器一次绕组的匝数,φ 为变压器匝链一次绕组的磁通。

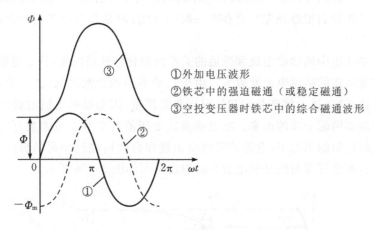

①外加电压波形
②铁芯中的强迫磁通（或稳定磁通）
③空投变压器时铁芯中的综合磁通波形

图 3-55　空载变压器铁芯有剩余磁通时的磁通波形图

由于 i_1R_1 相对比较小,在分析瞬态过程初始阶段时可以忽略不计,所以

$$u_m\cos(\omega t+\alpha)=N_1\frac{\mathrm{d}\varphi}{\mathrm{d}t}$$

$$\mathrm{d}\varphi=\frac{u_m}{N_1}\cos(\omega t+\alpha)\mathrm{d}t$$

积分,得

$$\varphi=\frac{u_m}{\omega N_1}\sin(\omega t+\alpha)+C$$

$$\varphi=\varphi_m\sin(\omega t+\alpha)+C \tag{3-42}$$

式中,φ_m 为主磁通峰值,C 为积分常数。

设铁芯无剩磁,当 $t=0$ 时,$\Phi=0$,所以 $C=-\varphi_m\sin\alpha$。

所以空载合闸磁通为

$$\varphi=\varphi_m\sin(\omega t+\alpha)-\varphi_m\sin\alpha \tag{3-43}$$

由式可得空载合闸磁通的大小与电压的初相角 α 有关。考虑最不利的情况:当 $\alpha=90°$ 时,电压过零

$$\varphi=\varphi_m\sin(\omega t+90°)-\varphi_m=\varphi_m\cos\omega t-\varphi_m$$

当合闸瞬间电压为零值时,它在铁芯中所建立的磁通为最大值 Φ_m。可是,由于铁芯中的磁通不能突变,既然合闸前铁芯中没有磁通,则这一瞬间仍要保持磁通为零。因此,在铁芯中就出现一个非周期分量的磁通 Φ_{fz},其幅值为 Φ_m。

这时,铁芯里的总磁通 Φ 应看成由两个磁通相加而成,一个是幅值为 Φ_m 的常

数,另一个是幅值为 Φ_m 的余弦函数。铁芯中的最大磁通将在 1/2 周期后出现,其值达 $2\Phi_m$。如果合闸时铁芯还有剩磁 Φ_0,则铁芯中的最大磁通 Φ 将达 $2\Phi_m + \Phi_0$。实际运行中可达到 $2.7\Phi_m$。因此,在电压瞬时值为零时合闸,产生励磁涌流的情况最严重。虽然我们很难预先知道在哪一瞬间合闸,但是总会介于上面论述的两种极限情况之间。

变压器绕组中的励磁电流和磁通的关系由磁化特性所决定,铁芯越饱和,产生一定的磁通所需的励磁电流就愈大。由于在最不利的合闸瞬间,铁芯中磁通密度最大值可达 $2\Phi_m$,这时铁芯的饱和情况将非常严重,因而励磁电流的数值会大增,这就是变压器励磁涌流的由来。励磁涌流比变压器的空载电流大数万倍左右,在不考虑绕组电阻的情况下,电流的峰值将出现在合闸后经过半周的瞬间。空载变压器铁芯有剩余磁通时的励磁电流和磁通波形图如图 3-56 所示。

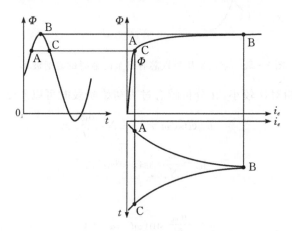

图 3-56 空载变压器铁芯有剩余磁通时的励磁电流-磁通波形图

根据上面的分析,可以归纳出励磁涌流有以下特点:

(1)励磁涌流的大小与合闸角、铁芯剩磁的大小和方向,以及铁芯的特征有关。

(2)励磁涌流的数值很大,最大可达额定电流的几十倍。变压器容量越大,阻抗值越大,该倍数值(励磁涌流与变压器的额定电流之比)越低,但绝对值更大。

(3)励磁涌流含有大量的直流分量、基波分量和高次谐波含量(主要是二次和三次谐波),因此励磁涌流的变化曲线为尖顶波(空投变压器时的励磁涌流录波图如图 3-57 所示)。因含有直流分量,其波形偏向时间轴的一侧,有很大的间断角(一般大于 $120°$)。

(4)励磁电流会随时间衰减。衰减常数与铁芯饱和程度以及所带负荷有关。一般情况下,容量越大,变压器阻抗比 X/R 越大,衰减常数越大,衰减得越慢。对于小容量的变压器,约在几个周波即达到稳定;大型变压器全部衰减的时间可达几秒。

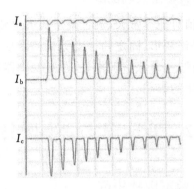

图 3-57　空投变压器时的励磁涌流录波图

图 3-58 是一台 220 kV、150 MVA 变压器合闸时,记录到的励磁涌流波形图。

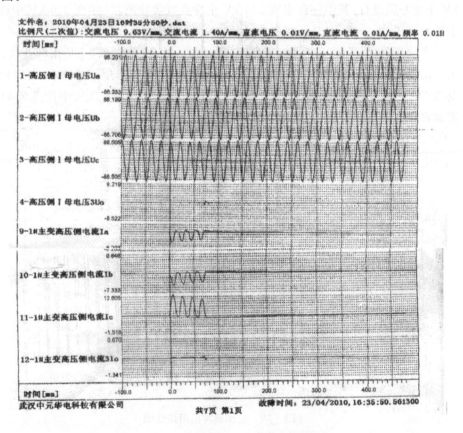

图 3-58　空投变压器时的励磁涌流波形图

3.1.8.2　励磁涌流对变压器的影响

由于励磁涌流的幅值可能非常大，流过绕组的大电流会在绕组间产生巨大的机械力作用，可能造成绕组变形、固定物松动等机械性损伤。此外，励磁涌流有可能引起变压器的过流保护、差动保护动作，故在对变压器进行保护时间整定时，应当注意避免励磁涌流产生的影响。

3.2　变压器事故案例分析

3.2.1　变压器线圈动稳定破坏事故

3.2.1.1　事故情况

例 3 - 7　某发电厂变压器与电网接线如图 3 - 59 所示。该电厂由两台 220 kV 主变并联运行，其中一台主变 220 kV 中性点直接接地，7# 主变 220 kV 中性点不接地。

事故现象：因系统零序过电压发出分闸信号，跳 7# 主变 220 kV 出线开关；7# 主变出线开关接到分闸指令后，A、C 相开关正确分断，B 相开关爆炸后，断口出现电弧，7# 主变高压 B 相通过电弧与 220 kV 系统相连，7# 主变高压中性点 ZnO 避雷器爆炸。

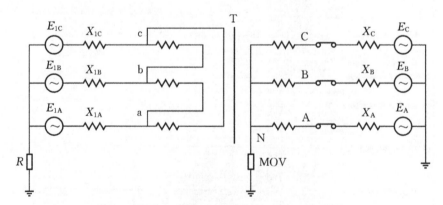

R—7#发电机中性点接地阻抗；MOV—7#主变压器高压中性点避雷器；
E_{1A}、E_{1B}、E_{1C}—发电机出口 A、B、C 的相电压；T—7#主变压器；
E_A、E_B、E_C—220 kV 电网 A、B、C 的相电压；X_A、X_B、X_C—220 kV 系统等值阻抗；
X_{1A}、X_{1B}、X_{1C}—发电机的等值阻抗。

图 3 - 59　变压器与电网接线图

此次开关爆炸事故之后，对 7# 主变进行了油色谱及相关的电气绝缘试验。各种试验结果表明,此台变压器绝缘及其他电气特性无异常。相关试验结果如表3-2、表3-3所示。

表3-2 直流电阻测量结果

高压绕组 分接位置	AO/mΩ	BO/mΩ	CO/mΩ
Ⅰ	119.9	119.0	119.7
Ⅱ	117.0	116.0	116.9
Ⅲ	113.8	112.8	113.5
Ⅳ	110.6	109.8	110.5
Ⅴ	107.5	106.7	107.7
低压绕组	ax	by	cz
电阻值/mΩ	2.8965	2.8995	2.8905

油色谱分析结果为:

表3-3 油色谱分析结果

H_2	CO	CO_2	CH_4	C_2H_6	C_2H_4	C_2H_2	总烃
4.3	91.8	1035.2	16.8	5.4	2.2	—	24.2

经事故现场清理,7#发电机重新发电,7#主变投入运行。运行60小时后,发电机负荷由260 MW增加到330 MW,运行18分钟后,7#主变低压线圈出现接地,同时发出跳闸信号,紧接着变压器重瓦斯、差动保护动作,主变压力释放阀喷油。

经放油、揭盖检查发现,7#主变低压b相绕组尾端已经严重变形,线圈可见部分绝缘烧光,尾端多股铜线烧断,烧熔的小铜珠遍及周围的铁轭、线圈顶部及箱体底部。A、C相高、低压弧圈及B相高压线圈未见异常变化。相关试验结果如表3-4、表3-5和表3-6所示。

比较事故前后变压器高、低压绕组的直流电阻及绝缘电阻,不难发现,此次事故的部位不在高压绕组,也不在低压ax、cz绕组,事故部位应在低压by绕组上。从放油、揭盖后的外观检查看,高压绕组以及低压ax、cz绕组结构良好,这与此次事故前后的试验数据所反映出的情况一致。

表3-4 变压器高压绕组直流电阻测试结果

高压绕组	AO	BO	CO
Ⅳ分接直流电阻/mΩ	112.1	111.3	112.1

表 3-5 变压器低压绕组直流电阻、绝缘电阻分析结果

低压绕组	ax	by	cz
直流电阻/mΩ	3.0466	4.6466	3.1422
绝缘电阻/mΩ	0		

表 3-6 变压器油色谱分析结果

H_2	CO	CO_2	CH_4	C_2H_6	C_2H_4	C_2H_2	总烃
1254.4	535.5	1022.7	325.4	50.3	765.9	917.2	2058.8

3.2.1.2 设备参数

7#主变的基本参数如下：

额定电压：242/24 kV/kV

额定容量：380 MVA

空载损耗：19 kW

负载损耗：65.4～78.5 kW

阻抗电压：14.01%

空载电流：0.118%

接线组别：Y_N,d11

7#主变高压中性点避雷器额定电压为 132 kV。7#发电机的次暂态电抗 $X_d'' = 14\%$。

3.2.1.3 原因分析

由于 220 kV 电网为中性点直接接地系统，而运行时 7#主变中性点不接地。当 7#主变 220 kV 出线开关爆炸后，高压 B 相线圈通过电弧与 220 kV 系统相连，即 B 相线圈的高压端电压是 220 kV 系统的相电压，约 140 kV。此外，由于 7#发电机已与电网解列，而发电机仍在运行，且与 7#主变相连，由低压绕组感应到高压 B 相线圈的电压仍为 140 kV，但两者的相位不再一致。当两者相位相差 180°时，7#主变中性点的对地电压将达到 2 倍相电压，即 280 kV。

7#主变高压中性点避雷器额定电压为 132 kV，在 140～280 kV 的电压下运行必然爆炸。

为了弄清楚 B 相高压开关爆炸燃弧期间，变压器低压 b 绕组流过的电流，可将系统接线简化为如图 3-60 所示的系统接线。

在进行事故电流计算时，图 3-60 所示的接线应首先分解成图 3-61 所示的从 B 相开关断口看进去的正、负、零序网络。

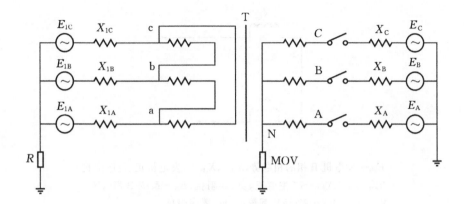

R—7#发电机中性点接地阻抗；MOV—7#主变中性点避雷器；T—7#主变；
E_{1A}、E_{1B}、E_{1C}—发电机A、B、C的相电压；E_A、E_B、E_C—220 kV电网A、B、C的相电压；
X_{1A}、X_{1B}、X_{1C}—发电机的等值阻抗；X_A、X_B、X_C—系统等值阻抗。

图 3-60 B相燃弧时的系统接线图

7#主变铁芯为五柱式铁芯，绕组为高压星形接线，低压三角形接线。7#主变高压中性点避雷器热击穿后，中性点通过电弧接地，这时7#主变的正、负、零序阻抗相等，均为14.01％。即

$$X_{K+} = X_{K-} = X_{K0} = 14.01\%$$

按220 kV系统短路电流25 kA考虑，系统阻抗X_{B+}（折算到380 MVA的标幺值）由下式确定

$$X_{B+} = \frac{\dfrac{380}{242 \times \sqrt{3}}}{25} = 0.036$$

即：$X_{B+} = X_{B-} = X_{B0} = 3.6\%$

发电机的正、负序阻抗相等，均为14％。即

$$X_{1B+} = X_{1B-} = 14\%$$

（a）正序　　　　　　　　　　　（b）负序

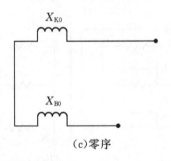

(c)零序

E_{1B}—发电机 B 相的相电势;X_{1B+}、X_{1B-}—发电机正、负序阻抗;

X_{K+}、X_{K-}、X_{K0}—7$^\#$主变正、负、零阻抗;E_B—系统 B 相电压;

X_{B+}、X_{B-}、X_{B0}—220 kV 系统正、负、零序阻抗。

图 3-61 事故系统正、负、零序网络图

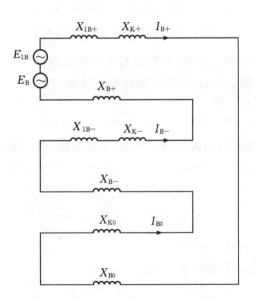

图 3-62 单相与电网联系序网图

$$I_{B+} = I_{B-} = I_{B0} = \frac{E_{1B} + E_B}{X_{K+} + X_{K-} + X_{K0} + X_{B+} + X_{B-} + X_{B0} + X_{1B+} + X_{1B-}}$$

$$= \frac{2}{0.8083} = 2.474 \text{ kA}$$

7$^\#$主变 220 kV 侧额定电流 $I_N = \dfrac{380}{240 \times \sqrt{3}} = 0.907$ kA,所以流过 7$^\#$主变

220 kV侧 B 相绕组的故障电流为 $7.42 \times 0.907 = 6.73$ kA。

则流过 7[#] 主变低压 b 相绕组的故障电流就是 $\dfrac{242}{\sqrt{3}} \times \dfrac{6.73}{24} = 39.1\ \mathrm{kA}$。

以上计算是按最不利的情况考虑的,实际从录波图上可以看到,220 kV 侧 B 相绕组出现的最大稳态电流值折算到低压 b 相绕组时,其故障电流有效值约为 30.1 kA,峰值达 52.1 kA。

按照设计要求,此台变压器应能承受有效值不小于 5.48 kA,2 s,峰值为 7.75 kA 的故障电流。本次故障实际流过高压 B 相绕组的电流已接近它能耐受的电流有效值,只是持续时间小于 1 秒。从第二次投运后稳定运行近 60 小时的情况分析,如果此台变压器的耐受热稳定的能力不够,在第一次事故中热稳定已被破坏,那么由热稳定破坏引起的变压器线圈绝缘老化,对绝缘是一种不可恢复的影响,它不会因为热源的消失而恢复其原有的绝缘特性。在这种情况下,投运前对变压器进行单相空载及局部放电试验时,低压线圈绝缘应在 24 kV 对地电压的长期作用下击穿,而不应在 13.9 kV 的运行电压下发生对地击穿。因此,认为第二次事故的原因不是由电压的作用造成的,而是与变压器所带负荷密切相关的。

负荷对变压器绝缘带来的影响主要来自发热和电动力,线圈发热量及所受电动力的大小均与负荷电流的平方成正比。虽然本次高压 B 相故障电流为 5.26 kA,持续时间小于 1 秒,但峰值为 7.44 kA,已接近它的设计耐受能力 7.75 kA。电流产生的热效应与持续时间有关,但绕组的耐受力只与电流的峰值有关,与持续时间无关。

此台变压器的线圈为圆筒式结构,这种线圈结构的特点是沿辐向动稳定特性好,而沿轴向的动稳定特性较差。线圈的动稳定特性被破坏后,往往结构不会散架,而使沿轴向的固定削弱或失去,在这种情况下,虽然变压器绕组的几何结构、形状、电场都发生了变化,但电气绝缘尚未损坏,因此,用目前常规的绝缘试验方法对其进行绝缘特性试验,得到的结果往往都是电气绝缘特性正常,因此这些试验无法检查到其内部线圈几何结构的变化。动稳定受到破坏而电气绝缘特性正常的变压器,在重新投入运行后,随着所带负荷的增加,线圈所受到的电动力按负荷电流的平方成正比例地增加。线圈在电动力的作用下,以 100 Hz 的频率进行机械振动。

分析认为,该台变压器低压 b 相绕组损坏的过程如下:由于在第一次故障中绕组的机械结构和电场都受到了破坏,当变压器负荷由 260 MW 增加到 330 MW 时,每个线圈受到的力将增加为原来的 1.6 倍。由于失去或削弱了沿轴向的固定,振幅将随电动力的增大而增大。振幅的增大,损坏了线圈匝间及对地的绝缘,使其在额定电压的作用下,发生线圈绝缘击穿而短路。

3.2.2　110 kV 变电站主变绕组变形故障

1.情况简介

某 110 kV 变电站 1[#] 主变于 2003 年 12 月投运,型号:SFSZ10 – 50000/110,

容量:50000/50000/50000 kVA,电压比:(110±8×1.25%)/(38.5±2×2.5%)/10.5 kV。额定挡短路阻抗为高-低:17.71%,高-中:9.99%,中-低:6.6%。

2013 年 4 月,运行单位对 1# 主变进行例行试验。试验发现该变压器电容量测试、低电压短路阻抗测试、频响特性图谱均较上次试验发生了较大变化,怀疑变压器绕组发生了严重变形。

2.试验检查

4 月 18 日,对该变压器进行了复测,试验项目包括电容量测试、低电压短路阻抗测试、频响特性测试。试验数据见下表。

1)本体电容量测试

变压器试验结果如表 3－7 所示。

表 3－7　变压器试验结果

一	出厂试验	交接试验		例行试验		复测	
试验时间与温度	2003.6 (30℃)	2003.12 (11℃)		2013.4 (38℃)		2013.4 (30℃)	
测试部位	测试值	测试值	误差	测试值	误差	测试值	误差
高-中低地 A	15.43	15.482	0.337%	14.99	−2.85%	15.05	−2.46%
中-高低地 B	23.21	23.352	0.612%	25.90	11.59%	26.02	12.11%
低-高中地 C	19.51	19.678	0.86%	22.96	17.68%	23.07	18.25%
高中-低地 D	13.61	13.679	0.51%	16.76	23.14%	16.82	23.59%
高中低-地 E	14.47	14.593	0.85%	14.85	2.63%	14.92	3.11%
中低-高地 F	—	—	—	24.31	—	24.43	—

注:误差均为与出厂值相比的误差。

设高压绕组对地电容量为 C_1,中压绕组对地电容量为 C_2,低压绕组对地电容量为 C_3,高压绕组对中压绕组电容量为 C_{12},高压绕组对低压绕组电容量为 C_{13},中压绕组对低压绕组电容量为 C_{23},则可推导出:

$$C_1=(A+E-F)/2, \quad C_2=(D+F-A-C)/2, \quad C_3=(C+E-D)/2$$
$$C_{12}=(A+B-D)/2, \quad C_{13}=(D+F-B-E)/2, \quad C_{23}=(B+C-F)/2$$

计算结果如表 3－8 所示。

表 3－8　变压器电容量计算结果

测量部位	交接试验/nF	本次/nF	$\delta/(\%)$
C_1	2.7445	2.765	0.75
C_2	1.5525	1.56	0.48

测量部位	交接试验/nF	本次/nF	δ/(%)
C_3	10.296	10.525	2.22
C_{12}	12.5775	12.065	−4.07
C_{13}	0.16	0.16	0
C_{23}	9.222	12.275	33.1

2)低电压短路阻抗测试

变压器低电压短路阻抗测试结果如表3-9所示。

表3-9 变压器低电压短路阻抗测试结果

一	铭牌值	例行试验 2013.4		复测 2013.4.18	
测试部位	一	测试值	误差/(%)	测试值	误差/(%)
高-中	9.99%	10.41%	4.2	10.40%	4.06
高-低	17.71%	18.15%	2.48	18.12%	2.33
中-低	6.6%	6.13%	−7.1	6.14%	−6.9

注:误差指与铭牌值相比的误差。

3)频响特性测试

高压绕组频响特性图谱如图3-63所示,变压器绕组相关系数见表3-10。

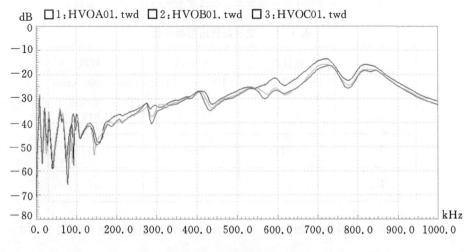

图3-63 1#主变高压绕组频率响应特征曲线(2013年4月复测)

表 3 - 10 变压器绕组相关系数

相关系数	低频段 (1~100 kHz)	中频段 (100~600 kHz)	高频段 (600~1000 kHz)
R_{21}	1.420	1.610	1.613
R_{31}	1.446	1.474	1.563
R_{32}	1.299	1.433	2.182

中压绕组频响特性图谱如图 3 - 64 所示,变压器绕组相关系数见表 3 - 11。

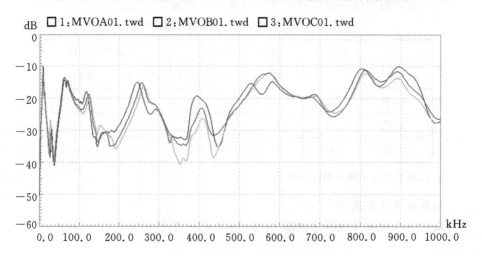

图 3 - 64 1# 主变中压绕组频率响应特征曲线(2013 年 4 月复测)

表 3 - 11 变压器绕组相关系数

相关系数	低频段 (1~100 kHz)	中频段 (100~600 kHz)	高频段 (600~1000 kHz)
R_{21}	1.753	0.614	1.018
R_{31}	2.277	0.896	1.152
R_{32}	1.812	1.212	1.571

低压绕组频响特性图谱如图 3 - 65 所示,变压器绕组相关系数见表 3 - 12。

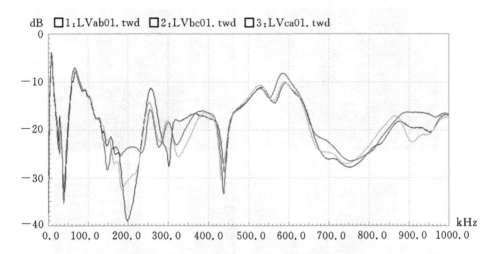

图 3-65　1⁻ 主变低压绕组频率响应特征曲线(2013 年 4 月复测)

表 3-12　变压器绕组相关系数

相关系数	低频段 (1~100 kHz)	中频段 (100~600 kHz)	高频段 (600~1000 kHz)
R_{21}	1.652	0.887	1.289
R_{31}	1.617	0.622	1.425
R_{32}	2.999	0.962	0.905

3.试验数据分析

该 110 kV 变压器 35 kV 侧所带用户为某化工厂,化工厂处于变电站围墙外,在 2012 年以前发生过多次短路,造成变压器中压绕组遭受过多次近区短路冲击,由于运行单位在 2012 年以后才开始对外部短路冲击进行记录,所以对以前的短路冲击没有短路电流及次数的记录。

从电容量及短路阻抗的试验数据分析,该变压器中、低压绕组均已发生了变形。

从频响特性的图谱分析,根据本次测试图谱的三相之间的相关性来看,中、低压绕组在中频段相关性较差,显示中压 B 相及低压 b、c 绕组变形较其他两相严重。

该变压器油化数据目前正常,无绝缘损坏的现象。

4.吊芯检查

根据试验的结果,判断该变压器中-低绕组已有严重变形。吊芯检查情况见图 3-66 所示。

中压C相线圈

中压B相线圈

中压A相线圈整体照片

中压A相线圈局部照片

低压线圈

图 3-66　变压器吊芯图

吊芯检查的结果与试验分析的结果是一致的。

3.2.3　220 kV 变电站主变出线短路引发绕组损坏事故

3.2.3.1　主变跳闸情况

1.主变短路事故简介

2014 年 3 月 1 日 1 点 35 分某 220 kV 变电站 1#、2# 主变跳闸。跳闸原因是距变电站 1 公里处的 110 kV 用户侧 2 号电炉变缺油,导致起火后发生 C 相单相接地。火势未得到有效控制,13 分钟后发展为三相接地短路。同时控制台起火导致分合闸回路烧熔短接，频繁分合，不断重复发生三相接地短路，2#主变在短路冲击 16 次后，零序差动保护动作（经厂家到现场分析后，认为是 2#主变在反复的短路冲击下，套管 CT 铁芯产生的剩磁使二次绕组产生电流差，引起零序差动保护动作），跳开 2#主变三侧开关。1#主变遭受短路冲击 20 次后，主变比率差动保护、本体重瓦斯动作，压力释放阀动作，跳开 1#主变三侧开关。故障录波显示，1#主变中压侧线端遭受的短路电流为 7000 A，2#主变中压侧线端遭受的短路电流为 5000 A。

2.主变参数

该站 1#、2#主变均为自耦变压器，两台主变的参数如表 3－13 所示。

表 3－13　220 kV 马 XX 站主变参数

	型号	电压比	容量/kVA
1#主变	OSFPS9－300000/220	230/121/38.5	300000
2#主变	OSFPS9－240000/220	230/121/38.5	240000

1#主变于 2004 年由 1 台 500 kV 变压器现场改造而成，2010 年 3 月因 35 kV 用户侧的三相短路冲击损坏，经在现场进行修复（更换三相绕组）后重新投运。2#主变于 2007 年投运，2010 年 12 月因排油充氮装置误动排油后，内部发生单相接地故障，经现场修复后于 2012 年 12 月 30 日重新投运。

本次跳闸后，对 2#主变进行的各项试验结果表明，与历年数据相比无明显变化，频响法绕组变形试验三相之间相关性较好，试验结果正常，外观检查无明显异常，随后投运。

3.2.3.2　1#主变的试验情况

对 1#主变进行了高压和油化试验。试验项目包括：绕组连同套管的介损及电容量测试、低电压短路阻抗测试、频响法绕组变形测试、直流电阻测试、变比测试、低压空载试验、绝缘电阻测试、油色谱试验。

1.试验结果

（1）串联绕组及低压绕组的直流电阻无变化，但公共绕组三相不平衡达到 43%。

（2）绕组电容量与初值比较如表 3－14 所示。

表 3－14　绕组电容量的偏差

	高中-低及地	低-高中及地	高中低-地
误差	10.18%	7.52%	－0.26%

（3）变比测试与铭牌比较如表 3－15 所示。

表 3-15　变比偏差

	高-中	高-低	中-低
A 相	−0.07%	0.41%	试验设备电流超量程无法测试
B 相	1.49%	1.74%	
C 相	0.69%	0.46%	

（4）频响法绕组变形测试显示公共绕组、串联绕组及低压绕组均有不同程度的变形。

（5）油色谱数据显示变压器内发生高能电弧放电。

2.吊罩情况

1）围屏发生位移

1#主变 A、B、C 三相高压绕组围屏因受短路冲击力的影响,均发生了不同程度的位移,具体情况如图 3-67 所示。

(a)A相高压绕组围屏位移　　　　　(b)B相高压绕组围屏位移

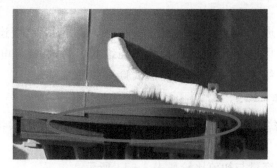

(c)C相高压绕组围屏位移

图 3-67　变压器围屏位移

2）绝缘垫块脱落、松动和错位

1#主变的 A、B、C 三相绕组都有绝缘垫块脱落、松动和错位现象,其中 B 相附近的绝缘垫块脱落最为严重,并伴有黑色垫块和皱纹纸掉落箱底,如图 3-68 所示。

（a） B 相附近绝缘垫块脱落至器身底部　　（b） B 相附近绝缘垫块脱落

（c）A 相附近绝缘垫块脱落　　　　　（d） 黑色垫块和皱纹纸掉落

(e)A相绕组顶部绝缘垫块松动及错位情况

(f)B、C相绕组顶部绝缘垫块松动、错位情况

图 3-68　变压器绝缘垫块松动、错位情况

3)分接开关

分接开关内部机构损坏情况如图 3-69 所示。

图 3-69 分接开关内部机构定位销、套筒脱落

3.吊罩后的补充试验

吊罩后,再次进行了直流电阻和变比测试,试验数据与吊罩前测得数据基本吻合。然后解开低压三角形连接,分别对各相之间的变比进行了测试,结果如表3-16所示。

表 3-16 低压三角形连接打开后的变比测试结果

测试项目	A 相	B 相	C 相
高-低	3.536	过流,无法测试	3.5357
高-中	1.9435	过流,无法测试	1.947
中-低	1.819	过流,无法测试	1.816

由表 3-16 可以看出,当低压三角形连接解开后,B 相绕组的变比值均无法通过测试得到,测试仪器过流保护跳闸,可推断 B 相绕组存在较为严重的绝缘故障。

4.绕组受损情况

将 B 相绕组围屏拆开后,并未发现有明显损伤,如图 3-70 所示。

由图 3-71 可看出,1♯主变 B 相中压绕组受损最为严重,发生了严重的位移,受到短路冲击后有明显的碳化痕迹,B 相低压绕组无明显异常,但有碳化残留物;A 相中压绕组受损情况次之,低压绕组的绝缘纸因受力损伤;C 相中压绕组无明显的异常,但俯视观察发现有轻微变形,呈椭圆趋势,低压绕组无明显异常。

图 3－70 拆开 B 相围屏后的高压绕组示意图

(a)A 相中压绕组　　　(b)A 相低压绕组　　　(c)B 相中压绕组

(d)B 相低压绕组　　　(e)C 相中压绕组　　　(f)C 相低压绕组

图 3－71 变压器绕组图

第4章 变压器绕组中的过电压分析

变压器的运行情况直接影响电网的安全和电力输送能力。据统计,占变压器故障率 70% 以上的是变压器绕组故障。变压器绕组发生故障多是由于变压器本身的绝缘结构不够合理,和在极端运行情况下造成的绕组绝缘损坏。外部短路、雷电过电压等是变压器遭受的主要极端工况。本章将分析雷电波在变压器绕组内的暂态过程;介绍谐振过电压的特性、影响因素和抑制方法,开展变压器的雷电过电压分析;以及介绍变压器中性点承受的其他过电压。

4.1 变压器绕组中的波过程

变压器绕组受到冲击电压的作用,出现复杂的电磁振荡过程,在绕组的主绝缘(对其他两相绕组或对地的绝缘)和纵绝缘(层间、匝间等绝缘)上出现过电压。在冲击电压作用下,变压器绕组中波过程的基本规律是变压器绝缘结构设计的基础。变压器绕组中的波过程与绕组按星形或三角形接法有关,在星形连接中还与中性点是否接地有关,不仅如此,还与一相、两相或三相是否同时进波有关。对于如此复杂的绕组连接和多种进波方式,首先从最简单最基本的单相绕组中的波过程开始研究。

4.1.1 单相绕组中的波过程

已知单相绕组的基本单元是线匝,每一线匝都与其他线匝有着电和磁的联系。为便于分析,假设绕组各点的参数完全相同,略去线匝之间的互感与绕组的损耗。这样可得到绕组的简化等值电路,如图 4 - 1 所示,图中 ΔK、ΔC、ΔL 分别是绕组单位长度的等值纵向(匝间)电容、对地电容和电感($\Delta K = K_0 / \Delta x$,$\Delta C = C_0 \Delta x$,$\Delta L = L_0 \Delta x$)。

当无限长直角波作用于绕组时,由于波前部分等值频率很高,故等值电路只包含 C_0、K_0 的电容链,并由它们决定电压的起始分布。而波尾部分等值频率较低,C_0、K_0 均相当于开路,等值电路可视为由导体电阻组成的回路,由绕组电阻决定电压稳态的分布。在由起始分布向稳态分布过渡的振荡过程中,绕组的各点、各个时刻的电压都在发生变化。

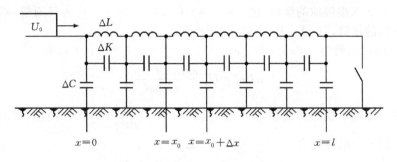

图 4-1 单相绕组波过程等值电路

4.1.1.1 起始分布

由以上分析可知,在 $t=0$ 的瞬间绕组进波的等值电路如图 4-2 所示。此时为了计算方便,令 $\Delta x = \mathrm{d}x$。由图 4-2 可得出电压起始分布的规律,设距离绕组首端 x 处的电压为 u,纵向电容 $K_0/\mathrm{d}x$ 上的电荷为 Q,对地电容 $C_0\mathrm{d}x$ 上的电荷为 $\mathrm{d}Q$,则可写出下列方程

$$Q = \frac{K_0}{\mathrm{d}x}\mathrm{d}u$$

$$\mathrm{d}Q = uC_0\mathrm{d}x$$

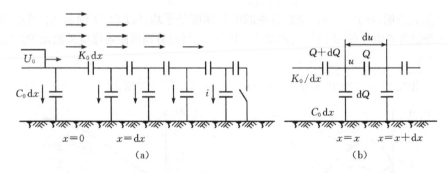

图 4-2 决定电压起始分布的等值电路

将此二式合并化简后可得

$$\frac{\mathrm{d}^2 u}{\mathrm{d}x^2} - \frac{C_0}{K_0}u = \frac{\mathrm{d}^2 u}{\mathrm{d}x^2} - \alpha^2 u = 0 \qquad (4-1)$$

式中,$\alpha = \sqrt{\dfrac{C_0}{K_0}}$。

令 $u(x) = e^{\rho x}$,则式(4-1)可变换成:$\rho^2 - \alpha^2 = 0$,可求解出:$\rho = \pm\alpha$,微分方程(4-1)的通解为:$u(x) = Ae^{\alpha x} + Be^{-\alpha x}$。

根据绕组末端(中性点)接地方式的边界条件,可以得到绕组电压起始分布表达式。对于末端接地的绕组,将 $x=0,u=U_0;x=l,u=0$ 代入其通解,求微分方程(4-1)的特解,有:$A+B=U_0;Ae^{al}+Be^{-al}=0$。

$u(x)$ 的特解为:$u(x)=U_0[e^{a(l-x)}-e^{-a(l-x)}]/(e^{al}-e^{-al})$,即

$$u(x)=U_0\frac{\sinh\alpha(l-x)}{\sinh\alpha l} \tag{4-2}$$

对于末端不接地的绕组,$x=0,u=U_0;x=l,\left.\dfrac{du}{dx}\right|_{x=l}=0$。同样,求出此时微分方程(4-1)的特解为

$$u(x)=U_0\frac{\cosh\alpha(l-x)}{\cosh\alpha l} \tag{4-3}$$

从上式可以得出,al 愈大,电压起始分布下降愈快。一般 al 值为 $5\sim15$,平均为 10。当 $al>5$ 时,有 $\sinh\alpha l\approx\cosh\alpha l$。因此,绕组末端接地方式对电压起始分布影响不大,电压起始分布可合为一个表达式

$$u(x)=U_0e^{-ax}=U_0e^{-al\frac{x}{l}} \tag{4-4}$$

由上式可知,绕组中的电压起始分布是很不均匀的,其程度与 al 值有关,al 愈大、分布愈不均匀,大部分电压降落在绕组首端的一段上,在 $x=0$ 处有最大电位梯度,可求得

$$\left.\frac{du}{dx}\right|_{x=0}\approx-U_0\alpha=-\frac{U_0}{l}\alpha l \tag{4-5}$$

上式表明,在 $t=0^+$ 时,绕组首端的电位梯度是平均梯度 U_0/l 的 al 倍,式中负号表示绕组各点电位随 al 的增大而减小。因此,对绕组首端的匝绝缘应采取保护措施。

4.1.1.2　稳态电压分布

单相绕组中起始电压分布、稳态电压分布如图 4-3 所示。

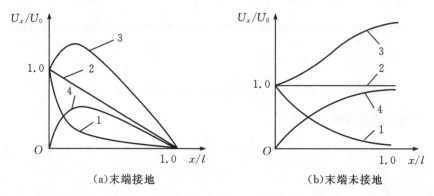

(a)末端接地　　　　　　　　　　　(b)末端未接地

1—初始分布;2—稳态分布;3—最大电压包络线;4—最大电压包络线与稳态电压的差值。

图 4-3　单相绕组中起始电压分布、稳态电压分布

由前面分析可知,对于末端接地的绕组,其各点将根据电阻形成均匀的稳态电压分布,如图 4-3(a)所示的曲线 2,其电压分布可用下式表示

$$u_\infty(x) = U_0 \left(1 - \frac{x}{l}\right) \tag{4-6}$$

对于末端不接地的绕组,其各点的稳态电压均为 U_0,如图 4-3(b)所示的曲线 2,其电压分布可用下式表示

$$u_\infty(x) = U_0 \tag{4-7}$$

图 4-3(a)为单相绕组末端接地,首端进波时,从初始到稳态阶段,绕组各点电压变化的分布曲线。曲线 1 为电压标幺值沿绕组各点的初始分布;绕组首端的电压标幺值为 1,中性点处的电压标幺值为 0。电压在绕组端部下降的速率最大;越接近中性点,电压减少的速率越小;曲线 2 为稳态电压标幺值,从绕组端部到中性点呈线性下降;曲线 3 为绕组各点最大电压标幺值的包络线,该电位从绕组端部到中性点先增大再减小;曲线 4 为绕组各点最大电压标幺值包络线与稳态电压标幺值的差值,该值初始为 0,从绕组端部到中性点先增大再减小。它实际上就是绕组各点对地电压在从初始值到稳态值过渡的过程中,电压振荡部分的幅值。

图 4-3(b)为单相绕组末端不接地,首端进波时,从初始到稳态阶段,绕组各点电压变化的分布曲线。曲线 1 为绕组中电压标幺值的初始分布;绕组首端的电压标幺值为 1,中性点处的电压标幺值变化率为 0。电压在绕组端部下降的速率较大,越接近中性点电压减小的速率越小,中性点处电压值接近 0;曲线 2 为稳态电压标幺值,从绕组端部到中性点电压几乎不变,略呈线性减小;曲线 3 为绕组各点的最大电压标幺值的包络线,该电位值从绕组端部到中性点呈增大趋势,增大的速率先增大再减小,中性点处该值约为稳态值的 2 倍;曲线 4 为最大电压标幺值包络线与稳态电压标幺值的差值,该值初始为 0,从绕组端部到中性点呈增大趋势,增大的速率先增大再减小,中性点处该值接近稳态值。它实际上就是绕组各点对地电压在从初始值到稳态值过渡的过程中,电压振荡部分的幅值。

4.1.2 三相绕组中的波过程

三相绕组中波过程的基本规律与单相绕组相同,分析中应注意三相绕组接法、末端接地方式和进波情况。

当变压器高压绕组是星形连接且中性点接地时,无论是一相、两相或三相进波,都可以看成是三个独立的绕组。

当变压器绕组是星形连接而中性点不接地时,若单相进波,如图 4-4(a)所示。由于绕组对冲击波的阻抗远大于线路波阻抗,故可认为在冲击电压作用下 B、C 两相绕组的端点是接地的,绕组电压的起始分布与稳态分布以及最大电压包络线如图 4-4(b)所示的曲线 1、2、3。曲线 1 为绕组各点电压标幺值的初始分布;绕

组首端的电压标幺值为 1，B、C 相绕组的端部的电压标幺值为 0，中性点处电压标幺值不为 0。电压在绕组端部下降的速率较大，越接近 B、C 相绕组的端部电压减小的速率越小，B、C 相绕组的端部处电压值接近 0。曲线 2 表示冲击电压达到稳态后，绕组各点的电压分布；冲击电压从 A 相绕组端部进入，到达中性点后分别流向 B、C 相绕组的端部，B、C 相绕组的端部电压为 0；因稳态时绕组电压按电阻分布，故中性点的稳态电压为 $\dfrac{U_0}{3}$。曲线 3 为绕组各点的最大冲击电压的包络线，其特点是在 A 相和 B、C 相，最大冲击电压沿绕组各点的分布均是先增大再减小。因稳态时绕组电压按电阻分布，故 A 相绕组末端的稳态电压为 $\dfrac{U_0}{3}$，振荡过程中，末端（中性点）的最大对地电压将不超过 $\dfrac{2}{3}U_0$。

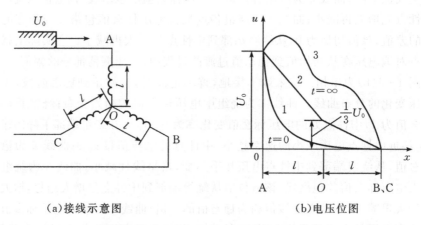

(a)接线示意图   (b)电压位图

1—初始分布；2—稳态分布；3—最大电压包络线。

图 4-4　星形接线单相进波时的电压分布

若两相或三相进波，可用叠加法来估计绕组中各点的对地电压。两相同时进波时，中性点的最大电压可达 $\dfrac{4}{3}U_0$。三相同时进波时，中性点的最大电压将达 2 倍 U_0。

在变压器绕组是三角形连接的情况下，若单相进波，同样可以认为未受冲击的 B、C 两相相当于接地，因此在 AB、AC 绕组内的波过程与末端接地的单相绕组相同。若三相同时进波时，同样可用叠加法分析，情况如图 4-5(c)所示。其中曲线 1 表示每相两端均进波时的绕组各点合成电压的起始分布；曲线 2 分别表示从一个绕组的首端进波和从一个绕组的末端进波时，沿绕组各点电压的稳态分布，电压为 U_0 的直线是三相同时进波时绕组合成电压的稳态分布。曲线 3 表示沿绕组各点的最大电压包络线。此时,每相绕组中部对地电压最高可达到2倍的U_0。

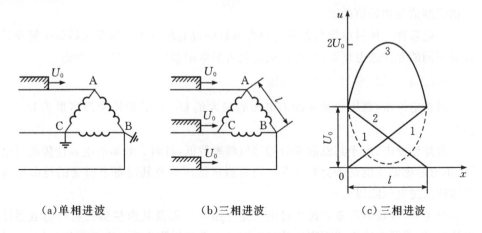

(a)单相进波   (b)三相进波   (c)三相进波

图4-5 三角形接线单相进波接线图三相进波时的电压分布

从上面的分析可以看出,雷电波沿输电线路侵入变电站后,在变压器绕组中引起的振荡过程对变压器绕组主绝缘及纵绝缘将造成威胁,也会危及中性点绝缘。从降低电磁振荡幅值的角度而言,直接接地是最有效的。但变压器中性点全部直接接地,可能会造成系统短路电流的升高。而变压器中性点经电抗器接地,既可达到限制短路电流的目的,也可限制因雷电波侵入引起的振荡过电压,因而采用这种接地方式是比较理想的。

中性点不接地的情况下,当变压器单相侵入雷电波时,中性点过电压约为$\frac{2}{3}U_0$;当两相同时来波时,中性点过电压可达到$\frac{4}{3}U_0$;当三相同时来波时,中性点电压可达$2U_0$。而经电抗器接地时仅中性点过电压为$nU_0/(3+X_0/x_N)$(对于单相、两相、三相侵入雷电波,n分别等于2、4、6;X_0为变压器绕组的直流电阻;x_N为变压器中性点外接电抗器的直流电阻),约为不接地时的一半,大大降低了对中性点绝缘的威胁。

4.1.3 波在绕组间的传递过程

当变压器高压绕组受雷电压冲击时,与它有静电(电容)及电磁(电感)联系的低压绕组及所接设备亦将受到电容性和电感性传递过电压的作用。

对给定的变压器(包括其低压侧的情况),这两个传递过电压均与加在高压绕组的雷电冲击电压的幅值、波形、持续时间有很大关系。谨慎考虑,假定它们是无穷长直角波,其幅值由高压侧的避雷器的残压决定。

分别称电容性与电感性传递过电压为作用于低压绕组及所接设备上过电压的初始值与强制值,由于二者的传递系数不同,其值亦不同。同样出于谨慎考虑,总假定低压侧过电压的幅值为最大振荡幅值。振荡充分发展时,过电压最大值约为二倍强制值与初始值的差。

将电容性传递过电压与振荡充分发展后的过电压最大值与变压器低压侧及其设备不同的允许过电压对比,即可决定是否采取限制传递过电压的措施。

4.1.3.1　高压侧冲击电压的取值

对雷电冲击,高压侧所加冲击电压的最大值 U_{1m} 在其初始阶段可取为 $U_{1m} = pU_p$。

对操作冲击,由于其波前部分的等值频率较低,可略去起始的电容性传递过电压,不再考虑低压侧是否会有振荡。通常假定低压侧及其设备上所受的过电压为高压侧的过电压除以变比。

常见的,亦较为严重的操作过电压是开断变压器及其所接感性负载的电感性电流时,因截断电感电流而产生的过电压。由于高压侧通常总有避雷器防护,故过电压可假定不超过 3.0 p.u.。除非低压侧设备绝缘很弱时,通常无须对传递的操作过电压进行限制。

4.1.3.2　电容性传递过电压

当过电压被作用到绕组 1 时,将通过绕组之间的电容耦合而传递这种过电压。因为此时电感中的电流不能突变,绕组 1、2 的等值电路都是电容链,于是绕组 1、2 立刻形成了各自的电压起始分布。若绕组 1 首端所加的电压波幅值是 U_0,如图 4-6所示,则绕组 2 上对应端的静电感应分量 U_2 可用简化公式估算为

$$U_2 = \frac{C_{12}}{C_{12}+C_2}U_0 \tag{4-8}$$

式中,C_{12} 为绕组 1、2 间的电容;C_2 为绕组 2 的对地电容。

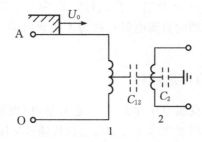

图 4-6　变压器绕组间的静电耦合

在三绕组变压器中,如果高压侧和中压侧均处于运行状态,而低压侧开路,则电容 C_2 较小;若高压侧或中压侧进波时,静电感应分量 U_2 可能危及低压绕组的绝缘,需要采取保护措施。只有在变压器低压绕组与许多出线或电缆相连的条件下,相当于

加大了低压绕组对地的电容 C_2,此时静电感应分量可能较低,对低压绕组才没有危胁。

在雷电过电压作用的初始阶段(约为 $t \leqslant 1\ \mu s$),可略去变压器绕组导线内的电流,即绕组可用分布参数的电容链来代表,由于难以得到电容的准确数据,为简化计算,可略去高、低压绕组的纵向电容(这将导致计算出的传递过电压比实际值要大),即将高、低压绕组间的电容,对地电容全部集中在其端部,则可得到如图 4-7 所示的等值电路。

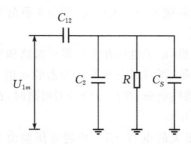

图 4-7 计算初始容性电压脉冲的等值电路

图中,C_S、R 分别为低压侧外接的电容与连接导线的波阻抗,不难求出

$$U_2(t) = U_{1m}S \times \frac{C_t}{C_t + C_S} \exp\left[-\frac{t}{R(C_t + C_S)}\right]$$

$$U_{2m} = U_{1m}S \times \frac{C_t}{C_t + C_S} \tag{4-9}$$

式中,$C_t = C_{12} + C_2$,$S = \dfrac{C_{12}}{C_{12} + C_2} = \dfrac{C_{12}}{C_t}$。

变压器本身的电容变动范围较大,C_t 一般为 $(10^{-8} \sim 10^{-9}\ \text{F})$,$S$ 则与绕组的结构布置有关,一般不大于 0.4。

算得的 U_{2m} 应与 GB 311.1—2012 表 1 中适当的额定冲击耐受电压相比较。当超过允许值时,可采取下述方法来限制:

(1)加大低压侧外接的对地电容 C_S。

(2)低压侧每相对地均装避雷器。

(3)高、低压绕组间放置接地的金属屏,此时 $C_{12} = 0$,$S = 0$。

4.1.3.3 电感性传递过电压

电感性传递过电压是依靠铁芯中的磁链传递的,故与绕组的接线方式、高低压绕组的线电压之比(变比)N 等有关,可用下式来计算 u_{2m}

$$u_{2m} = qpr\frac{u_p}{N} \tag{4-10}$$

式中,u_p 为高压侧避雷器残压;p 为考虑工频电压的影响因素;r 为考虑绕组结构

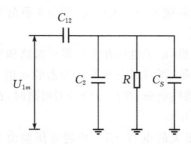第 4 章 变压器绕组中的过电压分析

· 151 ·

形式、高压侧加压情况在 $N=1$ 时的传递过电压值；q 为考虑初始、强制电压不等，低电压侧发生振荡后的系数，又称低电压侧对传递过电压的响应因素；N 为变比。

q 值取决于高压侧所加的冲击电压波形（这是由于变压器是一个磁饱和设备，当施加电压的频率增大时，变压器的饱和电压也将增高）与低压回路的电气参数（电感负载将有利于降低出口电压，电容性负载将有利于抬高出口电压），一般 q 值不大于 1.8。

通常情况下，如变压器接了一个大负荷，则由于负荷阻抗及变压器漏抗间的电压分配，q 取用较小的值。

对地变压器，如发电机，由于电压在变压器的漏感和发电机次瞬态电感间的分配，如果这些数值大致相等，则对雷电及操作冲击的 q 值约为 0.9（注：当变压器低压侧带有电抗器或其他感性负载，在高压侧开断回路时，在一些极不利的运行条件下，可能产生危险的过电压）。

在变压器低压侧加很大的电容，感性传递电压幅值不仅不会降低，反而会升高，这种情况可考虑加装避雷器。

例 4-1 一台额定电压为 220 kV/35 kV 的双绕组变压器，绕组接线组别为 YN,d11。变压器雷电冲击耐受水平为：220 kV 侧为 950 kV；35 kV 侧为 200 kV。工频耐受水平为：220 kV 侧为 400 kV；35 kV 侧为 80 kV。变压器高压侧避雷器额定电压为 200 kV；雷电冲击电流下的残压为 560 kV。

当变压器空载，且在高压侧一相上遭受雷电冲击时，求低压侧的电容性传递过电压值。

解：根据式(4-9)，变压器空载即 $C_s=0$；$S=0.4$；取 $p=\dfrac{C_{12}}{C_{12}+C_2}=1.15$，则

$$U_{2m}=Spu_p=0.4\times1.15\times560=257.6 \text{ kV}$$

假定冲击试验电压和允许过电压间的比为 1.4，亦即作用于低压侧的电容性传递过电压应不超过 $\dfrac{200}{1.4}=143$ kV。也就是说，此时传递的过电压将超过低压侧绝缘能够承受的电压。

要降低二次侧的电容性传递过电压，可加大低压侧外接（如电源）的电容 C_s。

因为

$$\frac{C_t}{C_t+C_s}\leqslant\frac{143}{257.6}=0.555$$

即

$$C_s\geqslant1.25C_t$$

若 $C_t=10^{-8}$ F，则每相加装的电容至少为 $C_s\geqslant1.25\times10^{-8}$ F。如果变压器低压侧还有负载，那么它将使低压侧电压峰值进一步降低。

4.2 变压器谐振过电压

4.2.1 变压器铁磁谐振特性

4.2.1.1 变压器铁磁谐振实例

2010年3月,某500 kV换流站对500 kV站用变进行停电操作。操作前,5022开关处于热备用状态,站用变10 kV侧开关处于分闸位置。操作5021开关前,站用变开关状态如图4-8所示。运行人员拉开500 kV站用变电源开关5021后,站用变500 kV侧电压持续存在,站用变出现异常声响;分开5021断路器50212隔离开关后,站用变上的电压和异响消失。期间,500 kV侧异常电压持续12分钟。

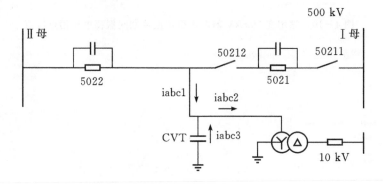

图4-8 换流站500 kV站用变设备连接图

分开5021开关时故障录波装置记录的异常电压发生过程如图4-9所示。

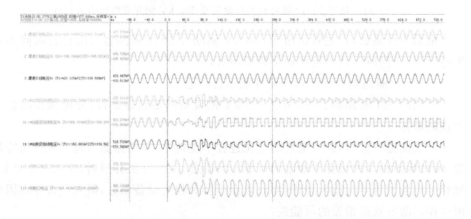

图4-9 分开5021开关后,异常电压出现过程

异常电压的拐点电压值如图 4-10 所示。拉开 50212 隔离开关后,异常电压的消失过程如图 4-11 所示。

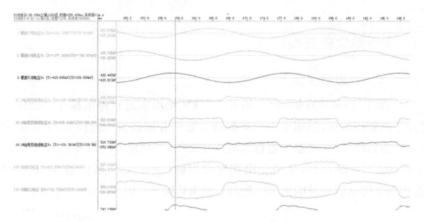

图 4-10　站用变 500 kV 侧电压稳定振荡期间振荡电压拐点数值

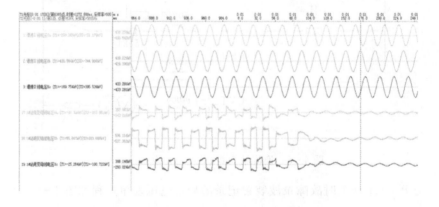

图 4-11　拉开 50212 隔离开关后站用变 500 kV 侧异常电压消失过程

根据事件录波,首先对站用变 500 kV 侧断开 5021 断路器后电压长时间不消失的原因进行分析,认为可能的主要原因有:

(1)5021 断路器存在绝缘恢复性能不良问题。

(2)分 5021 断路器后,站用变 500 kV 侧设备满足谐振条件,分闸操作激发系统铁磁谐振。

对录波进行分析,断口电压的变化过程不支持 5021 断路器出现间歇性击穿现象,可排除断路器绝缘存在缺陷的可能。为确定 5021 开关分闸后,站用变 500 kV 侧相关设备是否满足谐振条件,需收集变压器和相关设备参数,研究是否存在因分闸操作而激发铁磁谐振的可能性。

站用变空载试验数据见表 4-1。

表 4 - 1　站用变空载励磁特性实测值

施加电压/kV			空载电流/A		空载损耗/kW	
V(%)	V(rms)	V(平均)	I(rms)	%	实测值	校正值
10	1.067	1.068	0.541	0.029	0.409	0.4
50	5.257	5.260	3.623	0.165	7.957	7.9
60	6.301	6.306	4.396	0.200	11.343	11.3
70	7.381	7.386	5.186	0.236	15.375	15.2
80	8.412	8.417	5.897	0.268	19.911	19.8
90	9.422	9.428	6.498	0.295	25.301	25.4
95	10.016	10.022	6.740	0.306	29.175	28.9
100	10.495	10.500	6.772	0.308	32.993	33.0
105	11.036	11.039	6.391	0.291	38.772	38.7
110	11.532	11.527	5.809	0.264	47.255	47.4

站用变励磁伏安特性见表 4 - 2。

表 4 - 2　站用变空载励磁特性计算值

U/U_0	U/kV	I(rms)/A	I(peak)/A	磁密/T
0.50	262.50	0.06	0.08	0.85
0.60	315.00	0.07	0.09	1.03
0.70	367.50	0.08	0.11	1.20
0.80	420.00	0.09	0.13	1.37
0.90	472.50	0.10	0.15	1.54
0.95	498.75	0.11	0.16	1.62
1.00	525.00	0.12	0.18	1.71
1.05	551.25	0.14	0.22	1.79
1.10	577.50	0.20	0.40	1.88
1.15	603.75	0.66	1.68	1.96
1.20	630.00	1.81	4.56	2.02

第 4 章　变压器绕组中的过电压分析

U/U_0	U/kV	I(rms)/A	I(peak)/A	磁密/T
1.30	682.50	8.18	18.65	2.10
1.40	735.00	17.81	33.91	2.15
1.60	840.00	42.25	63.01	2.24
1.80	945.00	71.73	98.43	2.32
2.00	1050.00	103.99	139.04	2.41

500 kV 站用变的铁芯属于 3 柱式结构,换流站提供的有关设备参数见表 4-3。

表 4-3　有关设备参数

设备名称	参数名称	参数值
500 kV 站用变	容量	40 MVA
	额定电压	525 kV/10.5 kV
	空载励磁电流	0.308%
	短路阻抗	12%
	空载损耗	33 kW
	短路损耗	108.3 kW
CVT	主电容	5000 pF
断路器	断口均压电容	2500 pF

4.2.1.2　换流站铁磁谐振过程仿真

根据事件发生时设备的连接状态,按图 4-8 建立仿真模型。仿真时变压器励磁特性曲线参数由设备制造厂家提供,实际断路器均压电容参数为 2500 pF,CVT 主电容参数为 5000 pF,同时考虑变压器套管电容和绕组分布电容的影响。

仿真时采用的主要设备参数见表 4-4。为考察断路器断弧时刻相位对激发铁磁谐振的影响,仿真时的断弧时刻间隔时间取为 1 ms。

表 4-4　仿真系统主要设备参数

参数名称	参数值
站用变参数	见表 4-1、表 4-2、表 4-3
断路器均压电容	2500 pF
CVT 主电容	5000 pF
系统电压	525 kV
系统阻抗	$2+j10 \ \Omega$

5022 开关处于热备用状态时,分 5021 开关仿真结果见表 4-5;当 5021 开关在 0.607 秒断弧时,激发站用变系统铁磁谐振的过程如图 4-12 所示。

5022 开关处于冷备用状态时,分 5021 开关仿真结果见表 4-6。

表 4-5　一台断路器处于热备用状态时,断开站用变电源的仿真结果

序号	开关断弧 时刻	是否 谐振	动态过程 时间	相地电压 (peak)	断口电压 (peak)	附件图号
1	0.600 s	是	<0.2 s	649 kV	1023 kV	1
2	0.601 s	否	—	—	—	2
3	0.602 s	是	<0.2 s	873 kV	1315 kV	3
4	0.603 s	是	<0.2 s	839 kV	1250 kV	4
5	0.604 s	是	<1.2 s	860 kV	1202 kV	5
6	0.605 s	否	—	—	—	6
7	0.606 s	否	—	—	—	7
8	0.607 s	是	<0.5 s	785 kV	1197 kV	8
9	0.608 s	是	<0.2 s	633 kV	1007 kV	9
10	0.609 s	是	<1.2 s	882 kV	1305 kV	10
11	0.610 s	否	—	—	—	11
12	0.611 s	否	—	—	—	12
13	0.612 s	是	<0.2 s	807 kV	1242 kV	13
14	0.613 s	是	<0.4 s	844 kV	1272 kV	14
15	0.614 s	是	<0.3 s	856 kV	1178 kV	15
16	0.615 s	是	<0.4 s	754 kV	1092 kV	16
17	0.616~0.618 s	否	—	—	—	17~19
18	0.619 s	是	<0.4 s	633 kV	1040 kV	20

表 4-6　一台断路器处于冷备用状态时,断开站用变电源的仿真结果

序号	开关断弧 时刻	是否 谐振	动态过程 时间	相地电压 (peak)	断口电压 (peak)	附件图号
1	0.600~0.605 s	否	—	—	—	21
2	0.606 s	是	<0.2 s	491 kV	912 kV	22
3	0.607~0.619 s	否	—	—	—	23

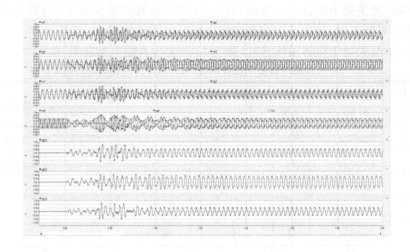

图 4-12 当 5022 开关处于热备用状态，5021 开关在 0.607 秒断弧时，
激发站用变系统铁磁谐振的过程

根据仿真结果可以看出，断开站用变 500 kV 侧断路器后，由站用变铁芯与断路器断口电容、CVT 主电容等元件构成谐振回路，站用变断开电源的过程可能激发铁磁谐振现象。铁磁谐振现象导致断开站用变电源后，站用变 500 kV 侧电压不消失。铁磁谐振发生的条件与站用变励磁特性、断路器均压电容值、CVT 主电容数值、站用变高压侧对地分布电容值等设备参数密切相关，其振幅的衰减时间与站用变空载损耗值有关。仿真所得 500 kV 侧发生铁磁谐振后，电压的稳态波形呈方波状，与实际记录波形基本一致。振荡激发条件与分闸角度有关。在 3/2 接线中，一台断路器处于冷备用，拉开另一台断路器，激发铁磁谐振的概率显著降低，在目前的设备参数下，分闸操作激发铁磁谐振的概率为 5%～10%。同样是在 3/2 接线中，一台断路器处于热备用状态，拉开另一台断路器，更易激发铁磁谐振。在目前的设备参数下，分闸操作激发铁磁谐振的概率为 60%～65%。

4.2.1.3　站用变铁磁谐振过电压过程分析

额定电压下，CVT 电流 I_{CVT_e} 为

$$I_{CVT\_e} = U_x \times 314 \times C_{CVT} = 303 \times 314 \times 0.005 = 476 \text{ mA}$$

式中，U_x 为 $\dfrac{1.05 Ue}{\sqrt{3}}$；在 500 kV 系统中，$U_x$ 为 303 kV。

厂家给出的站用变励磁特性如图 4-13 所示。在 0.8 倍额定电压下，站用变励磁电流为：$I_{ext}(0.8 U_e) = 90 \text{ mA}$；在 1.05 倍额定电压下，站用变励磁电流为：$I_{ext}(1.05 U_e) = 140 \text{ mA}$。注意到，在 $0.8 U_e$～$1.05 U_e$ 区间内，站用变励磁阻抗快速变小。

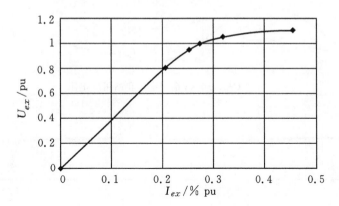

图 4-13　站用变励磁特性曲线

　　工频下两台断路器均处于热备用状态时,均压电容并联值为 2500 pF,自系统母线向站用变方向看去的站用变系统等值阻抗呈现容性特征。针对图 4-14,以系统 A 相电压处于正半周时段为例,说明该换流站站用变铁磁谐振过程。

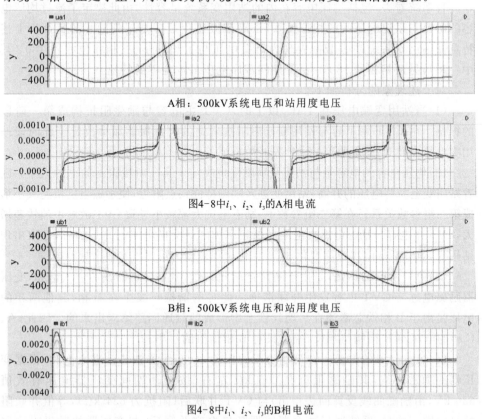

A相：500kV系统电压和站用度电压

图4-8中i_1、i_2、i_3的A相电流

B相：500kV系统电压和站用度电压

图4-8中i_1、i_2、i_3的B相电流

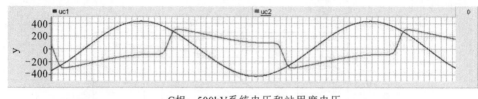

C相：500kV系统电压和站用度电压

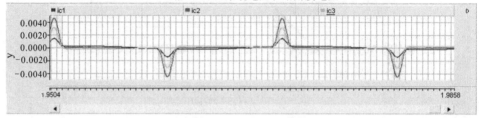

图4-8中i_1、i_2、i_3的C相电流

图 4 - 14　换流站站用变电磁振荡过程

在系统 A 相电压正半周,站用变 500 kV 侧电压处于负值平坦段期间,有以下特点:

自系统看去,包括均压电容在内的站用变系统呈容性,由此决定了流过均压电容的电流与系统电压间的相位关系,铁磁谐振过程呈现与工频同步的特征。上述特点使站用变系统铁磁谐振表现为谐振电压与工频同步、三相相位相差 180°(其中一相与另两相相差 180°)、谐振期间零序电压基本为零的特征。

对上述现象的分析如下:

(1)当站用变端电压在 $1.1U_e$ 以上时,CVT 主电容与励磁阻抗构成第一阶段的振荡。由 CVT 主电容与站用变励磁阻抗确定的自由振荡频率决定了此时段站用变电压变化过程呈现第一种参数谐振特征。

(2)均压电容的电容量与站用变励磁阻抗决定了第一阶段振荡频率的大小。随着站用变上振荡电压的升高,站用变进入励磁特性拐点附近,使励磁阻抗快速减小形成第二组参数关系。在第二组参数下,励磁电抗大幅减小导致 CVT 放电电流快速增大,CVT 主电容与励磁电感决定的振荡频率和能量交换电流远高于前者,导致出现站用变 500 kV 端电压快速变化,电压变化过程表现为第二组参数谐振特征。

(3)第一阶段的振荡,是由于断路器断开操作,激励变压器铁芯进入饱和,变压器励磁电感与 CVT 电容发生并联谐振。此时的谐振只发生在 B 相,其他两相的电压是由于 B 相铁芯磁通在另两柱铁芯中形成的磁通回路感应出来的。因此,A、C 相的电压与 B 相相位相反,幅值只有 B 相幅值的一半。

(4)第二阶段的振荡。在第一阶段的振荡中,变压器铁芯已进入饱和,根据变压器的励磁曲线,其励磁阻抗在 200 kΩ 左右(按振荡期间变压器电压有效值 630 kV,由励磁曲线反算回去得出)与 CVT 并联后(阻抗为 634 kΩ),等值并联阻抗呈感性。此时,系统通过两台断路器断口电容并联后,与变压器的励磁阻抗和

CVT 并联后的等值阻抗串联,形成如图 4-15 所示的第二阶段的振荡电路。

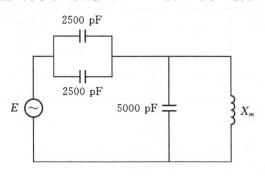

图 4-15　第二阶段的振荡回路构成图

第二阶段的振荡是强制振荡,其振荡频率就是电源频率。在图 4-15 所示的电路中,串联回路总阻抗为容性,而与变压器励磁阻抗并联的阻抗呈感性,所以变压器上的电压与系统电压反相。

4.2.2　影响铁磁谐振的因素

4.2.2.1　中性点加装电阻

在站用变 500 kV 中性点加装消谐电阻的仿真结果见表 4-7。

表 4-7　中性点加装消谐电阻对抑制铁磁谐振的影响

仿真参数设置	中性点电阻				
	0 Ω	10 Ω	100 Ω	1000 Ω	10 kΩ
变压器设计参数	谐振	谐振	谐振	谐振	谐振

仿真时断口电容 2500 pF,CVT 主电容 5000 pF。由表可见,在站用变中性点加装电阻器,对抑制此类铁磁谐振无作用。该现象与本次站用变铁芯为三柱式结构及磁谐振能量交换过程未涉及站用变零序回路有关。从前面的仿真中也可以看出,谐振期间无零序电流出现,所以也可判断出在变压器中性点加电阻器对抑制谐振没有意义。

4.2.2.2　改变站用变励磁特性拐点

改变励磁特性拐点位置对铁磁谐振的影响见表 4-8。仿真中,断口电容取 2500 pF,CVT 主电容取 5000 pF。仿真结果表明,改变励磁特性拐点位置会影响铁磁谐振表现形式。拐点电压的稍微提高(如提高到 1.15 倍)将使谐振难以达到稳态,铁磁谐振动态过程时间加长,使出现危险高值过电压的可能性增加。只有将站用变励磁特性拐点位置提高到目前位置的 1.2 倍以上,才可能通过提高拐点电压消除铁磁谐振。

表4-8 改变励磁特性拐点位置对谐振的影响

序号	拐点电压	是否谐振
1	500 kV	否
2	525 kV	是
3	550 kV	是
4	575 kV	是
5	600 kV	否
6	625 kV	是
7	650 kV	否
8	675 kV	否
9	700 kV	临界谐振

4.2.2.3 改变站用变容量

保持站用变励磁特性不变,改变站用变容量时,铁磁谐振发生情况见表4-9。仿真中,断口电容取2500 pF,CVT主电容取5000 pF,仿真时开关在0.602秒开断。结果表明,增大站用变容量有助于抑制铁磁谐振的发生。

表4-9 站用变容量对激发铁磁谐振的影响

序号	站用变容量	是否谐振	动态过程持续时间
1	20 MVA	是	0.4 s
2	40 MVA	是	0.4 s
3	60 MVA	否	——
4	100 MVA	否	——
5	100 MVA	否	——

在发生谐振的情况下,站用变容量为20 MVA时,A相对地电压达到758 kV,B相断口电压瞬时值达到1175 kV;站用变容量为40 MVA时,A相对地电压达到898 kV,A相断口电压瞬时值达到1315 kV。

4.2.3 谐振时站用变电流的谐波含量

在现有参数条件下模拟0.607 s时刻断路器断弧激发的铁磁谐振过程,考察谐振期间各支路电流的变化情况,参看图4-8电路中的i_1、i_2、i_3。全过程电流变化如图4-16所示,铁磁谐振进入稳态后各支路电流值如图4-17所示。

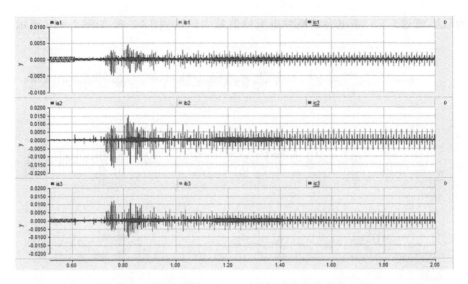

图 4-16　熄弧时刻 0.607 s 时谐振系统电流变化过程

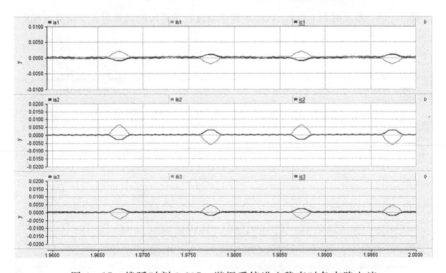

图 4-17　熄弧时刻 0.607 s 谐振系统进入稳态时各支路电流

　　在同样的参数条件下,模拟 0.609 s 时刻断路器断弧激发的铁磁谐振过程。全过程电流变化如图 4-18 所示。谐振期间,高频电流的频率与变压器励磁曲线的拐点特性有关,铁磁谐振期间出现频率约为 250 Hz 的高频电流分量。铁磁谐振进入稳态后,变压器支路 250 Hz 高频电流峰值约为 6.4 A,流过两台断路器断口电容的高频电流峰值约为 2 A,流过 CVT 主电容的高频电流峰值约为 4.4 A。在目前参数下,可能存在铁磁谐振动态过程较长的情况。在动态过程期间流过变压器励磁支路的高频电流峰值接近 18 A,流过两台断路器断口电容的高频电流峰值约为5 A,流过 CVT 主电容的高频电流峰值最大值达到 12.2 A,如图 4 - 19 所示。

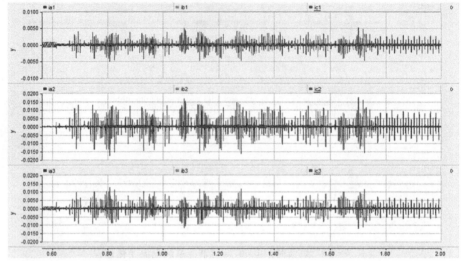

图 4 - 18　断弧时刻 0.609 s 铁磁谐振动态过程持续时间较长时各支路电流波形

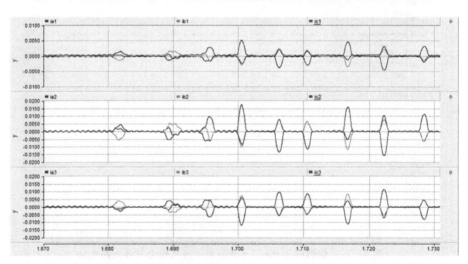

图 4 - 19　断弧时刻 0.609 s 时铁磁谐振动态过程期间各支路电流最大值

4.2.4　铁磁谐振过电压抑制措施

4.2.4.1　短时投入阻尼负荷

断路器均压电容为 2500 pF、CVT 主电容为 5000 pF。断开 500 kV 5021 断路器的同时,在 10 kV 侧投入阻尼负荷。不同断弧角度时,要抑制谐振,需要投入阻尼负荷的仿真结果见表 4 - 10。

表 4-10　变压器 10 kV 侧投入阻尼负荷对铁磁谐振的抑制效果

分闸时刻 /ms	10 kV 侧阻性负荷/kW 无延时投入消谐负荷			延时 0.4 s 投入消谐负荷,持续 0.2 s
	0	振荡	消除谐振	消除谐振
0.600	谐振	26.3	26.5	140
0.601	—	—	—	—
0.602	谐振	15.7	16.0	135
0.603	谐振	9.7	10.0	135
0.604	谐振	0.3	0.5	140
0.605	—	—	—	—
0.606	—	—	—	—
0.607	谐振	8.0	8.3	140
0.608	谐振	23.7	24.0	140
0.609	谐振	1.2	1.5	140
0.610	—	—	—	—
0.611	—	—	—	—
0.612	谐振	16.7	17.0	140
0.613	谐振	18.2	18.5	140
0.614	谐振	3.75	4.0	145
0.615	谐振	23.75	24.0	145
0.616~0.618	—	—	—	—
0.619	谐振	10.0	10.2	145

　　表中"无延时投入消谐负荷"指断开站用变 500 kV 侧电源的同时无延时投入站用变 10 kV 侧的消谐负荷;另一栏则是断开站用变 500 kV 侧电源后延时 0.4 s 后,再投入站用变 10 kV 侧的消谐负荷,投入时间持续 0.2 s。表中"振荡"指在仿真时段电压未出现衰减趋势,"临界振荡"指在 1 s 内衰减至正常值,"不振荡"指0.2 s 内电压到达正常稳定状态。

4.2.4.2　改变断路器均压电容

　　在 CVT 主电容(5000 pF)不变,10 kV 侧空载条件下,改变断路器均压电容,当分闸角度变化时,激发铁磁谐振的情况见表 4-11。表中的电容值是两台断路器的总均压电容。

表 4 – 11　不同均压电容下铁磁谐振发生情况

分闸时刻/ms	均压电容值/pF									
	5000	2500	1250	1000	900	800	770	750	500	300
0.600	谐振	谐振	—	—	—	—	—	—	—	—
0.601	—	—	—	—	—	—	—	—	—	—
0.602	谐振	谐振	—	—	—	—	—	—	—	—
0.603	—	谐振	—	—	—	—	—	—	—	—
0.604	—	—	—	—	—	—	—	—	—	—
0.605	谐振	—	—	—	—	—	—	—	—	—
0.6055	—	—	谐振	—	—	—	—	—	—	—
0.606	谐振	—	谐振	谐振	谐振	临界	—	—	—	—
0.607	—	谐振	—	—	—	—	—	—	—	—
0.608	谐振	谐振	—	—	—	—	—	—	—	—
0.609	谐振	谐振	—	—	—	—	—	—	—	—
0.610	谐振	—	—	—	—	—	—	—	—	—
0.611	谐振	—	—	—	—	—	—	—	—	—
0.612	谐振	谐振	—	—	—	—	—	—	—	—
0.613	谐振	谐振	—	—	—	—	—	—	—	—
0.614	谐振	谐振	—	—	—	—	—	—	—	—
0.615	谐振	谐振	—	—	—	—	—	—	—	—
0.616	谐振	—	—	谐振	谐振	—	—	—	—	—
0.617	谐振	谐振	—	—	—	—	—	—	—	—
0.618	—	谐振	—	—	—	—	—	—	—	—
0.619	谐振	谐振	—	—	—	—	—	—	—	—

注:"—"表示未出现铁磁谐振现象。

由表 4 – 11 可以看出,当断路器均压电容数值为 900 pF 时,仍有发生铁磁谐振的可能,发生概率约为 5%。当断路器均压电容数值为 800 pF 时,个别角度下铁磁谐振处于临界状态,铁磁谐振在 0.1 s 内自动消失。当断路器均压电容数值低于 750 pF 时,按 0.5 ms 步长检查分闸(断弧)时刻变化对激发谐振的影响,仿真中未发生铁磁谐振现象。

4.2.4.3 10 kV 并联低压电抗器

利用 10 kV 侧并联低压电抗器消除谐振的效果见表 4-12。根据表 4-12 的仿真结果可知,不能采用在站用变 10 kV 侧加装并联低压电抗器的方法消除谐振。

表 4-12 在站用变 10 kV 侧并联低压电抗器抑制谐振

分闸时刻 /ms	瞬时投入低抗		延时 0.4 s 投入低抗
	未能抑制谐振/kVA	消除谐振/kVA	
0.600	20	25	—
0.601	—	—	—
0.602	25	30	—
0.603	20	25	—
0.604	0.0	5	—
0.605~0.606	—	—	—
0.607	20.0	25	—
0.608	25.0	30.0	—
0.609	0.0	5.0	—
0.610~0.611	—	—	—
0.612	10.0	15.0	—
0.613	5.0	10.0	—
0.614	10.0	15.0	—
0.615	45.0	50.0	50~1000 kVA,不能消谐
0.616~0.618	—	—	—
0.619	10.0	15.0	—

4.2.4.4 改变 CVT 主电容

在断路器均压电容(2500 pF)不变,10 kV 侧空载条件下,改变 CVT 主电容值。内串一台开关为冷备用状态,在断开运行开关时,铁磁谐振随分闸角度变化的情况见表 4-13。由表 4-13 可见,将 CVT 主电容值增大一倍,达到 10000 pF 时,亦不能消除铁磁谐振。

表 4-13 均压电容为 1250 pF,不同 CVT 主电容时,铁磁谐振发生情况

分闸时刻 /ms	0.600	0.601~ 0.603	0.604	0.605~ 0.611	0.612	0.613	0.614~ 0.615	0.616	0.617~ 0.619
谐振状态	无	无	临界	无	谐振	临界	无	临界	无

　　综合上述消谐措施,要消除 500 kV 站用变断电时激发的铁磁谐振,最简便、最有效的方法就是将断路器断口均压电容由 2500 pF 减小到 500 pF。

　　在 10 kV 侧短时投入阻性负荷的方法虽然可以消除铁磁谐振,但将增加损耗、加大运维工作量,并占地较大。

第5章 限制变压器短路电流的方法

随着电力系统的发展,发电机组和输变电设备的容量越来越大,装机容量不断增大、电网分布越来越密,负荷中心大电厂的出现以及大电网的互联,系统短路电流水平的日益增高是不可避免的。如果不采取限制措施加以控制,不但会使设备的投资大大增加,而且会对系统中原有变电站设备、通信线路和管线产生严重的影响,需要花费大量的投资进行改造。本章着重介绍变压器短路电流的限制方法。

5.1 变压器中性点接小电抗限制短路电流

我国 110/220 kV 变电站中,普遍采用变压器中性点部分接地的方式(即一部分变压器中性点直接接地,另一部分变压器中性点不接地),该方式对电力系统稳定运行起到了良好的作用。但是,随着系统容量不断增大,当系统发生接地短路故障时,变压器承受的短路冲击也相当大,发生损坏的问题比较严重。变压器中性点经小电抗接地可以抑制单相接地短路电流、降低中性点过电压、避免变压器"失地"。

5.1.1 变压器中性点经电抗器接地对短路电流的影响

电网中性点接地的目的是保证电网的稳定运行、继电保护的可靠动作和限制系统过电压。限制电网过电压水平最有效的办法是系统中所有变压器中性点直接接地,但是这可能会造成下列不利影响:

(1)单相短路电流可能大于三相短路电流,造成断路器遮断容量选择困难。

(2)单相短路时,可能破坏并联运行网络的稳定性。

(3)大的短路电流将大大提高电站中接地装置及其他设施的投资。

另外,考虑到对通信干扰、跨步电压、人身安全等方面的要求,也要限制单相短路电流。为此,通常采用电力系统中部分变压器中性点不接地、变压器中性点经小电阻限流器接地、变压器中性点经电抗器接地等方法来限制变压器短路电流。

当中性点直接接地的电网中发生接地短路时,将出现很大的零序电流。下面以图 5-1 所示电网的零序电流大小及分布为例加以说明。

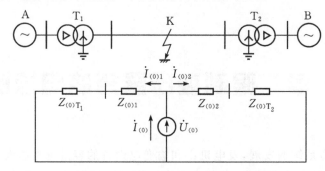

图 5-1　系统接地短路时的零序等效网络

线路 K 点单相接地短路时,有

$$\dot{I}_{(0)} = E_{\Sigma} / (Z_{(1)\Sigma} + Z_{(2)\Sigma} + Z_{(0)\Sigma}) \tag{5-1}$$

$$\dot{I}_{(0)1} = \dot{I}_{(0)} (Z_{(0)2} + Z_{(0)T_2}) / (Z_{(0)2} + Z_{(0)T_2} + Z_{(0)1} + Z_{(0)T_1}) \tag{5-2}$$

式中,E_{Σ} 为等效电源;$Z_{(1)\Sigma}$、$Z_{(2)\Sigma}$、$Z_{(3)\Sigma}$ 分别为从 K 点向系统中看进去的系统正序、负序和零序阻抗;$Z_{(0)T_1}$、$Z_{(0)T_2}$ 分别为变压器 T_1、T_2 折算到短路侧的零序阻抗;$Z_{(0)1}$、$Z_{(0)2}$ 为线路的零序阻抗。

由式(5-1)及式(5-2)可知,系统发生接地故障时,其零序电流的大小与系统的正序、负序、零序阻抗均有关,但变压器中性点接地与否,只影响系统零序阻抗的变化。而零序电流的分布,主要取决于送电线路的零序阻抗和中性点接地变压器的零序阻抗,与电源的数目和位置无关。

当发电厂 A 的变压器中性点接地增多时,变压器 T_1 的零序阻抗 $Z_{(0)T_1}$ 将减小,从而使接地短路电流 $\dot{I}_{(0)}$ 和线路流过的电流 $\dot{I}_{(0)1}$ 增大,$\dot{I}_{(0)2}$ 减小;如果发电厂 B 的变压器中性点不接地,则 $Z_{(0)T_2}$ 为无穷大,$\dot{I}_{(0)1}$ 将增大且等于 $\dot{I}_{(0)}$。

可见,若大量变压器中性点直接接地,使系统零序阻抗大大降低,可能导致单相短路电流过大,超过断路器的遮断容量。在变压器中性点全部接地有困难的情况下,可采用变压器中性点经电抗器接地以限制短路电流。由式(5-2)可知,欲使流过线路的短路电流 $\dot{I}_{(0)1}$ 减小,可增大变压器的零序阻抗 $Z_{(0)T_1}$ 和 $Z_{(0)T_2}$。由上节分析可知,变压器中性点经电抗接地后,其等值零序阻抗如式(5-1)和式(5-2)所示,均包含了接入电抗项,使其等值阻抗增大,从而达到限制短路电流的目的。

5.1.2　变压器中性点加装限流电抗器实例分析

110/220 kV 系统中性点不接地变压器,普遍使用放电间隙加氧化锌避雷器作为过电压保护。这种保护方式对保护变压器安全运行发挥了重要作用,但有时仍有间隙不正确动作,或与避雷器配合不好,乱动作的情况。变压器中性点经小电抗接地可以大大降低系统接地故障期间变压器中性点过电压,有效限制流过变电站的接地故障电流,从而取消变压器中性点放电间隙,避免因间隙误击穿而误切变压器的故障发生。本节以某 110 kV 变压器中性点由不接地改为经小电抗接地为例,分析变压器中性点经电抗器接地对短路电流的影响。

5.1.2.1 变压器中性点经间隙接地的讨论

电站避雷器是保护电站设备免受雷电冲击电压损坏的主要手段。110 kV 电站用避雷器参数见表 5-1。根据 GB11032-2000 的规定,交流无间隙金属氧化物避雷器的"额定电压 U_r"定义为:"施加到避雷器端子间的最大允许工频电压有效值,按照此电压设计的避雷器,能在所规定的动作负载试验中确定的、暂时过电压下正确地工作。"根据定义,金属氧化物避雷器额定电压是保证避雷器经受放电过程后仍能保持热稳定性的上限电压,变压器中性点放电间隙的放电电压需与电站避雷器额定电压参数实现配合。当不能实现可靠配合时,电站避雷器可能承受超出允许能力的热过程,并可能因此造成损坏。

表 5-1　110 kV 电站用 10 kA 等级电站避雷器参数

单位:伏(V)

额定电压	持续运行电压	陡波冲击电流残压	雷电冲击电流残压	操作冲击电流残压	直流 1 mA 参考电压
96	75	280	250	213	140
102	79.6	297	266	226	148
108	84	315	281	239	157

在变压器中性点经避雷器+放电间隙接地方式中,避雷器应承担变压器中性点的雷电过电压保护,而放电间隙则需在失地系统存在接地故障时,保证电站避雷器运行安全。据此,变压器中性点放电间隙动作条件可以描述为:

(1)接地变压器跳开前,在系统最高运行电压下,发生单相接地故障时,间隙不误击穿。

(2)接地变压器跳开导致系统失地后,在系统允许的最低运行电压下,发生单相接地故障时,间隙可靠击穿。

(3)当(1)的要求得不到满足时,会出现接地故障期间经间隙接地变压器的放电间隙误击穿,可能导致非故障变压器误切除;当(2)的要求得不到满足时,可能导致失地系统变压器中性点避雷器失去热稳定而发生爆炸。

为探讨变压器中性点间隙保护满足上述要求的能力,利用系统仿真不同运行条件下变压器中性点呈现的暂态电压进行分析。

在图 5-2 系统中,仅 T22 变压器直接接地,T11 经放电间隙接地,线路 L1 长 50 km。改变系统运行电压、故障位置以及系统侧零序阻抗与正序阻抗之比,考察单相接地故障期间 T11 中性点电压 U_n 的变化,仿真结果见表 5-2。

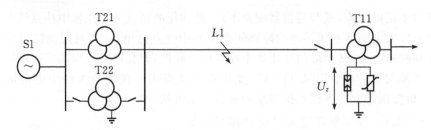

图 5-2　不接地变压器中性点过电压仿真接线图

表 5-2　不同运行电压下发生单相接地故障时,不接地变压器中性点电压

接地状态	$Xs0/Xs1$	运行电压	故障点	故障相角	U_{z_w} /kV	U_{z_p} /kV
T22 跳开,失地	1	$0.9U_n$	距 T11 25 km	0°	57.36	81.11
T22 运行	1	$1.1U_n$	距 T11 15 km	90°	41.20	99.10
T22 运行	3	$1.1U_n$	距 T11 15 km	90°	42.35	118.97

表中,U_{z_w} 为 T11 中性点电压 U_z 的稳态有效值;U_{z_p} 为 T11 中性点电压 U_z 的暂态瞬时值的最大值。

当运行中因某原因使 T22 跳开后,系统成为局部失地运行状态。当系统电压为 $0.9U_n$,线路 L1 中点发生 A 相接地故障期间,T11 中性点电压 U_z 及线路相电压变化如图 5-3 所示。在这种状态下,健全相避雷器将承受系统线电压,大大超出其额定电压,且长时间作用,避雷器可能失去热稳定。

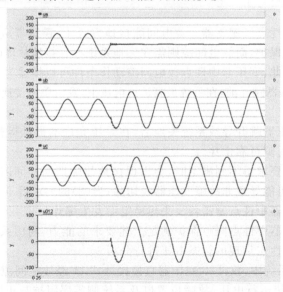

图 5-3　T22 跳开,110 kV 系统失地期间发生 A 相接地故障,U_z 电压

系统侧零序阻抗与正序阻抗之比 $Xs0/Xs1=1$,系统接地变压器正常运行,系统电压为 $1.1U_n$。线路 L1 距 T11 的 15 km 处发生 A 相接地故障期间,T11 中性点电压 U_z 及线路相电压变化如图 5-4 所示。

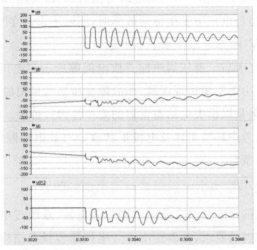

图 5-4 T22 运行,$1.1U_n$,$Xs0/Xs1=1$,110 kV 系统发生 A 相接地故障,U_z 电压

系统侧零序阻抗与正序阻抗之比 $Xs0/Xs1=3$,系统接地变压器正常运行,系统电压为 $1.1U_n$。在线路 L1 上与 T11 距离 15 km 处发生 A 相接地故障期间,T11 中性点电压 U_z 及线路相电压变化如图 5-5 所示。在这种条件下 U_{z_p} 瞬时最大值达到 119 kV,若 T11 中性点间隙击穿,可能导致不接地变压器误跳闸。

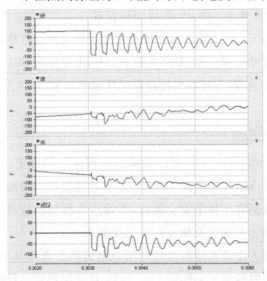

图 5-5 T22 运行,$1.1U_n$,$Xs0/Xs1=3$,110 kV 系统发生 A 相接地故障,U_z 电压

分析表 5-2 的仿真结果可知,为实现"接地变压器跳开导致系统失地后,在系统允许的最低运行电压下发生接地故障时,间隙可靠击穿",T11 中性点间隙工频击穿电压有效值需低于 57.36 kV,对应瞬时值为 81.11 kV;为实现"接地变压器跳开前,在系统最高运行电压下发生接地故障时,间隙不误击穿",需保证间隙电压在 99.1 kV(或 119 kV)瞬态电压作用下不击穿。

显然,两者存在矛盾。变压器中性点放电间隙的击穿电压无法同时满足两个矛盾需求。在运行中为避免出现误跳,非故障变压器常采用加大间隙距离的方法。显然,这样做的结果是以损失电站避雷器的安全性为代价的。值得指出的是,在分析上述问题时尚未考虑环境条件及电极形状改变对放电间隙击穿电压的影响,也未考虑必要的可靠系数。

5.1.2.2 确定中性点小电抗参数时需考虑的因素

选择中性点电抗器参数时应兼顾限制短路电流、系统过电压及变压器中性点绝缘水平配合等方面的要求,在确定中性点电抗器容量及结构时需考虑电抗器热稳定与动稳定要求。

初步考虑,确定中性点电抗器参数时需考虑下列因素:

(1)电抗器雷电冲击电压耐受能力与变压器中性点绝缘水平一致并与中性点避雷器雷电冲击残压配合。

(2)中性点电抗器热稳定耐受能力和动稳定能力与变压器一致。因此,按照 126 kV、9000 MVA 考虑 110 kV 母线短路容量。

(3)参考 220 kV、500 kV 直接接地变压器中性点设计标准及目前 110kV 分级绝缘变压器中性点绝缘采用 44 kV(工频 95 kV、雷电冲击 260 kV)的现状,当采用中性点经电抗器接地时,变压器宜维持原绝缘水平不变、中性点电抗器高压侧宜采用相同绝缘水平。

5.1.2.3 计算条件及参数

按照国标 GB1094.5—2016 变压器接入电网条件的规定,需以三相短路容量为 9000 MVA/126 kV 作为考核 110 kV 变压器绕组耐受短路冲击的条件。为使中性点电抗器能在同样条件下安全运行,中性点电抗器也应具有耐受同样系统条件下短路冲击电动力的能力及相应的热耐受能力。

本节采用仿真方法研究运行条件对流过电抗器的电流及承受电压的影响,确定电抗器运行条件时遵循了 GB1094.5—2016 对变压器安装母线短路容量的规定(见表 5-3)。

表 5 - 3   GB1094.5—2016 对 110 kV 母线短路水平的规定

	设备额定电压/kV	系统短路容量/MVA
110 kV	126	9000
220 kV	252	18000

表 5 - 4 给出了用于仿真的 110 kV 三绕组变压器参数。

表 5 - 4   仿真用三绕组变压器参数

额定电压比/kV		$110\pm8\times1.25/38.5/10.5$		$Y_N, y_{n0}, d11$
额定容量/kVA		10000	40000	63000
短路阻抗/%	高-中	10.5	10.5	10.5
	高-低	18.0	18.0	18.0
	中-低	6.5	6.5	6.5

表 5 - 5 给出了用于仿真的 110 kV 两绕组变压器参数。

表 5 - 5   仿真用两绕组变压器参数

额定电压比/kV	$110\pm8\times1.25/10.5$		
额定容量/kVA	10000	40000	63000
短路阻抗/(%)	10.5	10.5	10.5

分析用仿真系统如图 5 - 6 所示。仿真分析中未计入系统参数的阻性分量及变压器空载损耗、负载损耗的影响。根据相关标准规定的条件,在计算中性点电抗器电流、电压时,取母线 M1 系统侧零序电抗与正序电抗之比:$X_0/X_1=3$。

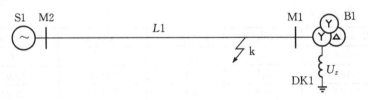

图 5 - 6   变压器中性点电抗器运行条件仿真接线

5.1.2.4   110 kV 变压器中性点经电抗器接地的仿真分析

本节用仿真方法研究中性点电抗器参数变化、变压器容量变化、并联运行变压器台数变化、系统短路容量变化等运行条件变化对中性点电抗器电流的影响。

1.电抗值变化对中性点电流、电压及吸收无功功率的影响

表 5 - 6 给出了 110 kV/40 MVA 三圈变压器近端单相短路时,不同中性点电

抗值下中性点电流 I_zxd、中性点稳态电压 U_zxd、中性点电抗吸收无功功率 Q_zxd 的变化。

表 5 - 6　中性点电抗值变化对 40 MVA 三圈变压器中性点电流、电压及电抗吸收无功功率的影响

程序：110xdk - 40000 - 1　变压器 40000/121 kV/38.5/10.5，Xt_pu＝0.105/0.18/0.065；双线，线长 6.93 km。				
X_xdk/Ω	X_xdk/X_{t0}	I_zxd/kA	U_zxd/kV	Q_zxd/MVA
0	0	1.797	0	0
6.588	0.1	1.391	9.185	12.778
13.177	0.2	1.1365	14.987	17.032
16.471	0.25	1.0419	17.156	17.874
21.962	0.333	0.9163	20.055	18.376
26.354	0.4	0.8365	21.908	18.326
32.942	0.5	0.741	24.136	17.89
65.88	1.0	0.48	30.30	14.54
131.77	2.0	0.288	34.74	10.027
263.54	4.0	0.163	37.481	6.118
527.076	8.0	0.0879	39.022	3.430

注：X_zxd：中性点电抗值；X_{t0}：变压器零序电抗。

表 5 - 7 给出了 110 kV /63 MVA 三圈变压器近端单相短路时，不同中性点电抗值下中性点电流 I_zxd、中性点稳态电压 U_zxd、中性点电抗吸收无功功率 Q_zxd 的变化。

表 5 - 7　中性点电抗值变化对 63 MVA 三圈变压器中性点电流、电压及电抗吸收无功功率的影响

程序：110xdk - 63000 - 1　变压器 63000/121 kV/35/10，Xt_pu＝0.18/0.1/0.065，双线，线长 6.93 km。				
X_xdk/Ω	X_xdk/X_{t0}	I_zxd/kA	U_zxd/kV	Q_zxd/MVA
0	0	2.785	0	0
4.183	0.1	2.164	9.066	19.623
8.366	0.2	1.769	14.833	26.244
10.458	0.25	1.62	16.993	27.552
13.943	0.333	1.4234	19.888	28.307
16.732	0.4	1.297	21.74	28.197
20.915	0.5	1.145	23.97	27.457
41.83	1.0	0.7307	30.17	22.046
83.66	2.0	0.436	34.653	15.117
167.32	4.0	0.249	37.432	9.305
334.64	8.0	0.135	38.995	5.285

表 5 - 8 给出了 110 kV /10 MVA 三圈变压器近端单相短路时,不同中性点电抗值下中性点电流 I_zxd、中性点稳态电压 U_zxd、中性点电抗吸收无功功率 Q_zxd 的变化。

表 5 - 8　中性点电抗值变化对 10 MVA 三圈变压器中性点电流、电压及电抗吸收无功功率的影响

程序:110xdk - 10000 - 1 变压器 10000/121 kV/38.5/10.5,Xt_pu = 0.18/0.1/0.065;双线,线长 6.93 km。				
X_xdk/Ω	X_xdk/X_{t0}	I_zxd/kA	U_zxd/kV	Q_zxd/MVA
0	0	0.4796	0	0
26.354	0.1	0.378	9.34	3.528
52.708	0.2	0.3128	15.195	4.753
65.885	0.25	0.288	17.371	5.009
87.85	0.333	0.2553	20.277	5.176
105.41	0.4	0.2339	22.127	5.176
131.77	0.5	0.208	24.35	5.063
263.54	1.0	0.1341	30.47	4.087
527.08	2.0	0.0787	34.848	2.742
1055.6	4.0	0.0431	37.546	1.619
2111.2	8.0	0.0227	39.057	0.885

表 5 - 9 给出了 110 kV /40 MVA 两圈变压器近端单相短路时,不同中性点电抗值下中性点电流 I_zxd、中性点稳态电压 U_zxd、中性点电抗吸收无功功率 Q_zxd 的变化。

表 5 - 9　中性点电抗值变化对 40 MVA 两圈变压器中性点电流、电压及电抗吸收无功功率的影响

程序:110xdk - 40000 - 2 变压器 40000/121 kV/10.5,Xt_pu = 0.105,双线,线长 6.93 km。				
X_xdk/Ω	X_xdk/X_{t0}	I_zxd/kA	U_zxd/kV	Q_zxd/MVA
0	0	3.018	0	0
3.843	0.1	2.348	9.037	21.220
7.678	0.2	1.921	14.793	28.416
9.608	0.25	1.761	16.949	29.843
12.811	0.333	1.546	19.846	30.675
15.373	0.4	1.408	21.697	30.559
19.216	0.5	1.243	23.931	29.754
38.433	1.0	0.791	30.138	23.831
76.865	2.0	0.470	34.633	16.287
0	0	3.018	0	0
3.843	0.1	2.348	9.037	21.220

表 5-10 给出了 110 kV /63 MVA 两圈变压器近端单相短路时,不同中性点电抗值下中性点电流 I_zxd、中性点稳态电压 U_zxd、中性点电抗吸收无功功率 Q_zxd 的变化。

表 5-10 中性点电抗值变化对 63 MVA 两圈变压器中性点电流、电压及电抗吸收无功功率的影响

程序:110xdk-63000-2 变压器 63000/121 kV/10.5,$Xt\_pu=0.105$,双线,线长 6.93 km。				
X_xdk/Ω	X_xdk/X_{t0}	I_zxd/kA	U_zxd/kV	Q_zxd/MVA
0	0	4.623	0	0
2.4402	0.1	3.619	8.847	32.014
4.8804	0.2	2.973	14.535	43.213
6.1005	0.25	2.730	16.680	45.528
8.134	0.333	2.402	19.566	46.991
9.7608	0.4	2.191	21.420	46.929
12.201	0.5	1.936	23.663	45.805
24.402	1.0	1.224	29.925	36.638
48.804	2.0	0.716	34.49	24.691
0	0	4.623	0	0
2.4402	0.1	3.619	8.847	32.014

表 5-11 给出了 110 kV /10 MVA 两圈变压器近端单相短路时,不同中性点电抗值下中性点电流 I_zxd、中性点稳态电压 U_zxd、中性点电抗吸收无功功率 Q_zxd 的变化。

表 5-11 中性点电抗值变化对 10 MVA 两圈变压器中性点电流、电压及电抗吸收无功功率的影响

程序:110xdk-10000-2 变压器 10000/121 kV/10.5,$Xt\_pu=0.105$,双线,线长 6.93 km。				
X_xdk/Ω	X_xdk/X_{t0}	I_zxd/kA	U_zxd/kV	Q_zxd/MVA
0	0	0.791	0	0
15.373	0.1	0.618	9.30	5.749
30.746	0.2	0.510	15.144	7.730
38.432	0.25	0.470	17.313	8.144
51.243	0.333	0.416	20.219	8.421
61.492	0.4	0.382	22.069	8.430
76.865	0.5	0.340	24.296	8.262

程序:110xdk - 10000 - 2 变压器 10000/121 kV/10.5,$Xt\_pu = 0.105$,双线,线长 6.93 km。				
X_xdk/Ω	X_xdk/X_{t0}	I_zxd/kA	U_zxd/kV	Q_zxd/MVA
153.73	1.0	0.221	30.425	6.738
307.461	2.0	0.132	34.820	4.578
0	0	0.791	0	0
15.373	0.1	0.618	9.30	5.749

图 5 - 7 给出了近端单相接地时不同容量三圈变压器中性点电流随中性点电抗值变化的情况。

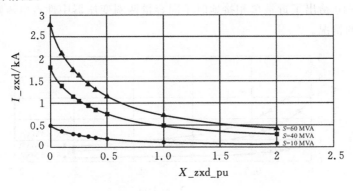

图 5 - 7　三圈变压器 X_zxd_pu 与中性点电流 I_zxd 关系

图 5 - 8 给出了近端单相接地时不同容量三圈变压器中性点稳态电压随中性点电抗值变化的情况。

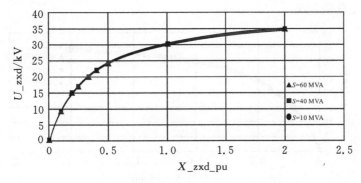

图 5 - 8　三圈变压器 X_zxd_pu 与中性点稳态电压 U_zxd 关系

图 5 - 9 给出了近端单相接地时不同容量三圈变压器中性点电抗吸收无功功

率随中性点电抗值变化的情况。

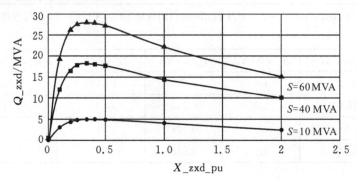

图 5-9　三圈变压器 X_zxd_pu 与电抗吸收无功功率 Q_zxd 关系

图 5-10 给出了近端单相接地时不同容量两圈变压器中性点电流随中性点电抗值变化的情况。

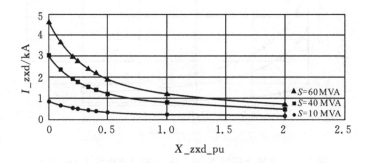

图 5-10　两圈变压器 X_zxd_pu 与中性点电流 I_zxd 关系

图 5-11 给出了近端单相接地时不同容量两圈变压器中性点稳态电压随中性点电抗值变化的情况。

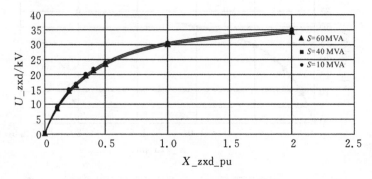

图 5-11　两圈变压器 X_zxd_pu 与中性点稳态电压 U_zxd 关系

图 5-12 给出了近端单相接地时不同容量两圈变压器中性点电抗吸收无功功率随中性点电抗值变化的情况。

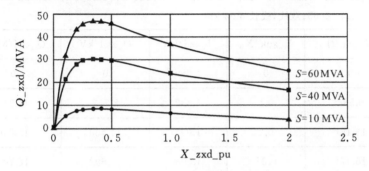

图 5-12　两圈变压器 X_zxd_pu 与电抗吸收无功功率 Q_zxd 关系

2.改变并联运行变压器台数对中性点电流、电压及吸收无功功率的影响

改变 110 kV 变压器并联运行台数,对中性点小电抗电流、电压及电抗吸收无功功率的影响见表 5-12 和表 5-13。

表 5-12　两台 40 MVA 三圈变压器并联运行时中性点电流、电压及电抗吸收无功功率

程序:110xdk-40000-1-BL　变压器 40000/121 kV/38.5/10.5,Xt_pu=0.105/0.18/0.065;双线,线长 6.93 km。				
X_xdk/Ω	X_xdk/X_{t0}	I_zxd/kA	U_zxd/kV	Q_zxd/MVA
0	0	1.747	0	0
6.588	0.1	1.361	8.984	12.231
13.177	0.2	1.115	14.719	16.414
16.471	0.25	1.023	16.874	17.255
21.962	0.333	0.898	19.766	17.755
26.354	0.4	0.819	21.620	17.698
32.942	0.5	0.722	23.857	17.239
65.88	1.0	0.458	30.079	13.783
131.77	2.0	0.271	34.591	9.387
263.54	4.0	0.155	37.395	5.782
527.08	8.0	0.848	38.975	3.306

表 5 – 13   三台 40 MVA 三圈变压器并联运行时中性点电流、电压及电抗吸收无功功率

程序:110xdk – 40000 – 1 – BL 变压器 40000/121 kV/38.5/10.5,Xt_pu=0.105/0.18/0.065;双线,线长 6.93 km。				
X_xdk/Ω	X_xdk/X_{t0}	I_zxd/kA	U_zxd/kV	Q_zxd/MVA
0	0	1.699	0	0
6.588	0.1	1.332	8.792	11.710
13.177	0.2	1.095	14.460	15.840
16.471	0.25	1.006	16.602	16.702
21.962	0.333	0.886	19.485	17.258
26.354	0.4	0.808	21.340	17.248
32.942	0.5	0.715	23.583	16.851
65.88	1.0	0.452	29.860	13.508
131.77	2.0	0.264	34.445	9.091
263.54	4.0	0.149	37.310	5.561
527.08	8.0	0.0823	38.928	3.206

变电站并联运行变压器台数为 1~3 台、每台变压器中性点电流 I_zxd 与小电抗电抗值的关系见图 5 – 13;变压器中性点电压 U_zxd 与小电抗的关系见图 5 – 14;变压器中性点电抗吸收无功功率 Q_zxd 与小电抗的关系见图 5 – 15。

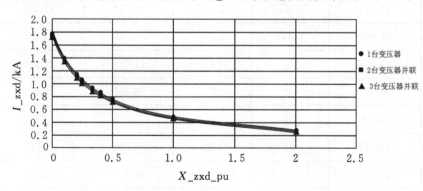

图 5 – 13   1~3 台变压器并联运行时 X_zxd_pu 与 I_zxd 关系

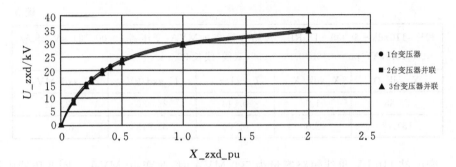

图 5-14   1~3 台变压器并联运行时 X_zxd_pu 与 U_zxd 关系

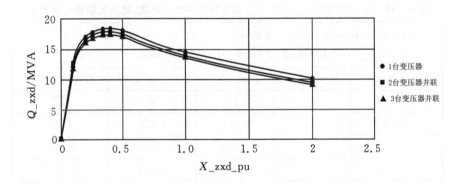

图 5-15   1~3 台变压器并联时 X_zxd_pu 与 Q_zxd 关系

3.母线短路容量对中性点电抗器电流、电压及吸收无功功率的影响

变电站 110 kV 母线短路容量为 2000 MVA 时,改变 40 MVA 三圈变压器中性点电抗数值,小电抗电流、电压及吸收无功功率变化情况见表 5-14。

表 5-14 $S=2000$ MVA,40 MVA 三圈变压器中性点电流、电压及吸收无功功率

程序:110xdk-40000-DLRL 短路容量 2000MVA;变压器 40000/121 kV/38.5/ 10.5,$Xt\_pu=0.105/0.18/0.065$;双线,线长 32.8 km。				
X_xdk/Ω	X_xdk/X_{t0}	I_zxd/kA	U_zxd/kV	Q_zxd/MVA
0	0	1.603	0	0
6.588	0.1	1.270	8.386	10.652
13.177	0.2	1.052	13.888	14.608
16.471	0.25	0.969	15.987	15.484
21.962	0.333	0.856	18.830	16.112
26.354	0.4	0.783	20.670	16.177
32.942	0.5	0.694	22.906	15.893

续表

程序:110xdk-40000-DLRL 短路容量 2000MVA;变压器 40000/121 kV/38.5/ 10.5,Xt_pu=0.105/0.18/0.065;双线,线长 32.8 km。				
X_xdk/Ω	X_xdk/X_{t0}	I_zxd/kA	U_zxd/kV	Q_zxd/MVA
65.88	1.0	0.443	29.230	12.952
131.77	2.0	0.260	33.912	8.803

变电站 110 kV 母线短路容量为 500 MVA 时,改变 40 MVA 三圈变压器中性点电抗数值时,小电抗电流、电压及吸收无功功率变化情况见表 5-15。

表 5-15 S＝500 MVA,40MVA 三圈变压器中性点电流、电压及吸收无功功率

程序:110xdk-40000-DLRL 短路容量 500 MVA;变压器 40000/121 kV/38.5/ 10.5,Xt_pu=0.105/0.18/0.065;单线,线长 32.8 km。				
X_xdk/Ω	X_xdk/X_{t0}	I_zxd/kA	U_zxd/kV	Q_zxd/MVA
0	0	1.224	0	0
6.588	0.1	1.027	6.776	6.957
13.177	0.2	0.884	11.669	10.315
16.471	0.25	0.826	13.638	11.271
21.962	0.333	0.746	16.405	12.231
26.354	0.4	0.691	18.257	12.623
32.942	0.5	0.623	20.579	12.831
65.88	1.0	0.418	27.592	11.533
131.77	2.0	0.252	33.252	8.375

变电站 110 kV 母线短路容量改变对 40 MVA 三圈变压器中性点电抗器电流、电压及吸收无功功率的影响分别见图 5-16、图 5-17、图 5-18。

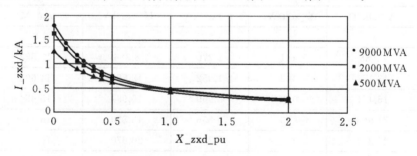

图 5-16 短路容量为 9000 MVA、2000 MVA、500 MVA 时 X_zxd_pu 与 I_zxd 关系

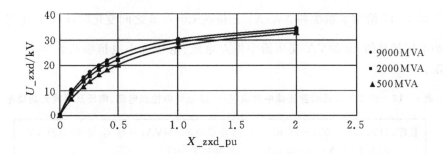

图5-17 短路容量为 9000 MVA、2000 MVA、500 MVA 时 X_zxd_pu 与 U_zxd 关系

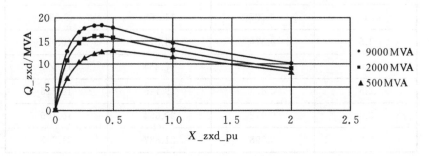

图 5-18 短路容量为 9000 MVA、2000 MVA、500 MVA 时 X_zxd_pu 与 Q_zxd 关系

4.系统侧零序阻抗对中性点电流、电压及吸收无功功率的影响

表 5-16 给出了在 110 kV 母线三相短路容量为 9000 MVA(126 kV)情况下，系统侧 X_{S0}/X_{S1} 比值在 1.0～3.5 之间变化时直接接地的 40 MVA 三圈变压器中性点电流、电压及吸收无功功率变化情况。

表 5-16　40 MVA 三圈变压器中性点直接接地($X_Z=0$)时中性点电流、电压及吸收无功功率

程序：110xdk-90000-DLRL　短路容量 9000 MVA；变压器 40000/121 kV/ 38.5/10.5，$X_{t\_pu}=0.105/0.18/0.065$；无线路。			
X_{S0}/X_{S1}	I_zxd/kA	U_zxd/kV	Q_zxd/MVA
1	1.0451	—	—
1.5	1.338	—	—
2.0	1.555	—	—
2.5	1.723	—	—
3.0	1.857	—	—
3.5	1.966	—	—

表 5-17 给出了系统侧 X_{S0}/X_{S1} 比值在 1.0～3.5 之间变化时,经电抗值为 $\dfrac{X_{t0}}{3}$ 的小电抗接地的 40 MVA 变压器中性点电流、电压及小电抗吸收无功功率变化情况。

表 5-17 40 MVA 三圈变压器中性点经 $\dfrac{X_{t0}}{3}$ 接地时中性点电流、电压及吸收无功功率

程序:110xdk - 90000 - DLRL 短路容量 9000 MVA;变压器 40000/121 kV/ 38.5/10.5,Xt_pu=0.105/0.18/0.065;无线路。			
X_{S0}/X_{S1}	I_zxd/kA	U_zxd/kV	Q_zxd/MVA
1	0.527	11.550	6.083
1.5	0.676	14.815	10.010
2.0	0.787	17.254	13.577
2.5	0.873	19.145	16.716
3.0	0.942	20.654	19.456
3.5	0.998	21.887	21.847

表 5-18 给出了系统侧 X_{S0}/X_{S1} 比值在 1.0～3.5 之间变化时,经电抗值为 $\dfrac{X_{t0}}{2}$ 的小电抗接地的 40 MVA 变压器中性点电流、电压及小电抗吸收无功功率变化情况。

表 5-18 40 MVA 三圈变压器中性点经 $\dfrac{X_{t0}}{2}$ 接地时中性点电流、电压及吸收无功功率

程序:110xdk - 90000 - DLRL 短路容量 9000 MVA;变压器 40000/121 kV/ 38.5/10.5,Xt_pu=0.105/0.18/0.065;无线路。			
X_{S0}/X_{S1}	I_zxd/kA	U_zxd/kV	Q_zxd/MVA
1	0.422	13.882	5.859
1.5	0.542	17.815	9.649
2.0	0.631	20.755	13.097
2.5	0.700	23.037	16.133
3.0	0.756	24.858	18.785
3.5	0.801	26.346	21.101

表 5-19 给出了 110 kV 母线三相短路容量为 9000 MVA(126 kV)情况下,系

统侧$\dfrac{X_{S0}}{X_{S1}}=3$、中性点电抗值为$\dfrac{X_{t0}}{3}$时,变压器出口单相接地短路时不同容量变压器中性点电流、电压及小电抗吸收无功功率变化情况。

表 5 - 19　系统侧$\dfrac{X_{S0}}{X_{S1}}=3$时,经$\dfrac{X_{t0}}{3}$接地,不同容量变压器中性点电流、电压及吸收无功功率

程序:110xdk - 90000 - DLRL - 1　短路容量 9000 MVA;变压器变比:121 kV/38.5/10.5,Xt_pu=0.105/0.18/0.065;无线路。				
S/MVA	$X_{t0/3}/\Omega$	I_zxd/kA	U_zxd/kV	Q_zxd/MVA
63	13.944	1.471	20.483	30.134
40	21.961	0.942	20.655	19.456
20	43.923	0.474	20.808	9.872
10	87.846	0.238	20.884	4.972

5.低压侧电源对中性点电流、电压及吸收无功功率的影响

一般情况下 110 kV 变压器低压侧均为不接地系统。110 kV 变压器低压侧接入不同容量电源时,对变压器中性点的电流、电压及吸收无功功率产生的影响进行分析。

表 5 - 20 给出了 110 kV 变压器中性点经$\dfrac{X_{t0}}{3}$小电抗接地、35 kV 侧系统短路容量不同时,对变压器中性点电流、电压及电抗器吸收无功功率的影响。图 5 - 19给出了与表 5 - 20 对应的图示结果。

表 5 - 20　不同低压侧短路容量对变压器中性点电流、电压及吸收无功功率的影响

程序:110xdk - 90000 - DLRL - 2 110 kV 侧短路容量 9000 MVA,35 kV 侧短路容量 Sd 变化;40 MVA 变压器变比:121 kV/38.5/10.5,Xt_pu=0.105/0.18/0.065;无线路			
Sd/MVA	I_zxd/kA	U_zxd/kV	Q_zxd/MVA
0	0.942	20.654	19.456
10	0.9423	20.664	19.473
100	0.9453	20.729	19.595
1000	0.9535	20.910	19.938
3000	0.956	20.966	20.045

注:Sd 为变压器安装点 35 kV 母线短路容量。

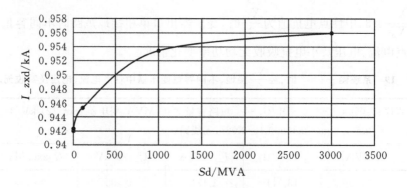

图 5 - 19　低压侧短路容量 Sd 对 110 kV 变压器中性点电流的影响

6.中性点经小电抗接地时变压器中性点的暂态过电压

用于仿真 110 kV 变压器中性点暂态电压的系统如图 5 - 20 所示。图中系统侧110 kV 母线 M2 的短路容量为 8000 MVA,母线 M2 系统侧零序电抗、正序电抗的比值为 $X_{S0}/X_{S1}=3$。

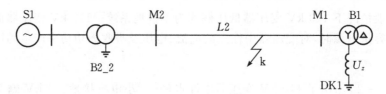

图 5 - 20　中性点电暂态电压系统

表 5 - 21 给出了当 $L2$ 为 100 km 时,中性点电抗器暂态过电压峰值与故障初相角的关系。仿真结果表明,中性点暂态电压峰值与故障初相角关系密切,当故障初相角为 90°时,暂态电压峰值最大;变压器中性点电抗值越大,故障期间变压器中性点稳态电压和暂态电压就越高。

表 5 - 21　故障初相角与中性点电抗器暂态电压峰值的关系

Zzxd_pu	故障初相角 /(°)	故障位置 /(%)	$U_m=121$ kV		
			Uow_rms/kV	Uoz_p/kV	Uoz_p/Uow_p
1/3	36	50	12.52	−24.85	1.404
1/3	54	50	12.52	−34.29	1.937
1/3	72	50	12.52	−40.36	2.28
1/3	90	50	12.52	−42.44	2.39
1/3	108	50	12.52	−40.41	2.28

Zzxd_pu	故障初相角 /(°)	故障位置 /(%)	$U_m = 121$ kV		
			Uow_rms/kV	Uoz_p/kV	Uoz_p/Uow_p
1/3	126	50	12.52	−34.39	1.94
1/3	144	50	12.52	−25.14	1.42

注:Uow_rms 为中性点稳态电压有效值;Uow_p 为中性点稳态电压峰值;Uoz_p 为中性点暂态电压峰值;故障位置指故障点距离 B1 的距离占线路总长的比例,下同。

表 5 - 22 给出了故障初相角为 90°时中性点电抗器暂态过电压峰值与变压器中性点电抗器电抗值的关系。

表 5 - 22 中性点电抗值与中性点暂态电压峰值的关系

Zzxd_pu	故障初相角 /(°)	故障位置 /(%)	$U_m = 121$ kV		
			Uow_rms/kV	Uoz_p/kV	Uoz_p/Uow_p
1/3	90	50	12.52	−42.44	2.39
0.5	90	50	16.40	−52.18	2.25
2/3	90	50	19.39	−59.45	2.17
1.0	90	50	23.73	−68.79	2.05
2.0	90	50	30.54	−82.71	1.91
4.0	90	50	35.62	−92.47	1.84
8.0	90	50	38.85	−98.44	1.79
∞	90	50	42.70	−105.39	1.745

表 5 - 23、表 5 - 24、表 5 - 25 分别给出了系统电压为 121 kV、线路长度为 100 km、20 km、40 km 时,在线路不同位置发生单相接地故障,保持故障初相角为 90°,且当 $X_z = \dfrac{X_{t0}}{3}$ 时(X_z 是中性点电抗器电抗值,X_{t0} 是变压器零序电抗值),中性点电抗器暂态电压峰值的变化情况。当 $X_z = \dfrac{X_{t0}}{3}$ 时,变压器中性点暂态电压峰值的最大值未见超过 53 kV 的情况。

表 5 - 23 $X_z = \dfrac{1}{3}X_{t0}$,$L2 = 100$ km 时故障点位置与中性点暂态电压峰值的关系

Zzxd_pu	故障 初相角/(°)	故障位置 /(%)	$U_m = 121$ kV		
			Uow_rms/kV	Uoz_p/kV	Uoz_p/Uow_p
1/3	90	100	10.47	−41.81	2.82
1/3	90	80	11.30	−42.61	2.67
1/3	90	60	12.09	−42.48	2.48

Zzxd_pu	故障初相角/(°)	故障位置/(%)	$U_m=121$ kV		
			Uow_rms/kV	Uoz_p/kV	Uoz_p/Uow_p
1/3	90	50	12.52	−42.44	2.39
1/3	90	40	12.98	−36.38	1.98
1/3	90	20	13.99	−47.8	2.42
1/3	90	10	14.55	−39.86	1.94
1/3	90	0	15.07	−41.18	1.60

表 5-24　$X_z=\dfrac{1}{3}X_{t0}$，$L2=20$ km 时故障点位置与中性点暂态电压峰值的关系

Zzxd_pu	故障初相角/(°)	故障位置/%	$U_m=121$ kV		
			Uow_rms/kV	Uoz_p/kV	Uoz_p/Uow_p
1/3	90	100	17.34	−51.89	2.11
1/3	90	80	17.74	−50.28	2.00
1/3	90	60	18.12	−50.91	1.99
1/3	90	50	18.30	−48.50	1.87
1/3	90	40	18.53	−45.52	1.74
1/3	90	20	18.91	−46.01	1.72
1/3	90	0	19.30	−36.80	1.35

表 5-25　$X_z=\dfrac{1}{3}X_{t0}$，$L2=40$ km 时故障点位置与中性点暂态电压峰值的关系

Zzxd_pu	故障初相角/(°)	故障位置/(%)	$U_m=121$ kV		
			Uow_rms/kV	Uoz_p/kV	Uoz_p/Uow_p
1/3	90	100	14.94	−49.54	2.34
1/3	90	80	15.53	−48.58	2.21
1/3	90	60	16.12	−49.58	2.17
1/3	90	50	16.42	−47.47	2.04
1/3	90	40	16.73	−39.01	1.65
1/3	90	20	17.38	−52.26	2.12
1/3	90	0	18.07	−38.27	1.50

表 5-26、表 5-27、表 5-28 分别给出了同样情况下，当 $X_z=\dfrac{2X_{t0}}{3}$ 时中性点电抗器暂态电压峰值的变化情况。变压器中性点暂态电压峰值的最大值未见超过 72 kV 的情况。

表 5-26　$X_z=\dfrac{2}{3}X_{t0}$，$L2=100$ km 时故障点位置与中性点暂态电压峰值的关系

Zzxd_pu	故障初相角 /(°)	故障位置 /(%)	$U_m=121$ kV		
			Uow_rms/kV	Uoz_p/kV	Uoz_p/Uow_p
1/3	90	100	16.95	−60.80	2.53
1/3	90	80	17.91	−60.28	2.38
1/3	90	60	18.88	−62.36	2.33
1/3	90	50	19.39	−59.44	2.16
1/3	90	40	19.93	−50.25	1.78
1/3	90	20	21.09	−66.39	2.22
1/3	90	0	22.39	−50.90	1.61

表 5-27　$X_z=\dfrac{2}{3}X_{t0}$，$L2=20$ km 时故障点位置与中性点暂态电压峰值的关系

Zzxd_pu	故障初相角 /(°)	故障位置 /(%)	$U_m=121$ kV		
			Uow_rms/kV	Uoz_p/kV	Uoz_p/Uow_p
1/3	90	100	24.54	−70.96	2.04
1/3	90	80	24.97	−68.29	1.93
1/3	90	60	25.36	−69.72	1.94
1/3	90	50	25.53	−67.42	1.87
1/3	90	40	25.76	−62.56	1.72
1/3	90	20	26.13	−62.44	1.69
1/3	90	0	26.49	−50.83	1.35

表 5-28　$X_z=\dfrac{2}{3}X_{t0}$，$L2=40$ km 时故障点位置与中性点暂态电压峰值的关系

Zzxd_pu	故障初相角 /(°)	故障位置 /(%)	$U_m=121$ kV		
			Uow_rms/kV	Uoz_p/kV	Uoz_p/Uow_p
1/3	90	100	22.07	−67.91	2.17
1/3	90	80	22.73	−66.58	2.07
1/3	90	60	23.36	−69.28	2.10

Z_{zxd_pu}	故障初相角/°	故障位置/%	$U_m = 121\ kV$		
			Uow_rms/kV	Uoz_p/kV	Uoz_p/Uow_p
1/3	90	50	23.66	−66.01	1.97
1/3	90	40	23.99	−57.60	1.70
1/3	90	20	24.65	−71.60	2.05
1/3	90	0	25.32	−53.03	1.48

7.110 kV 变压器中性点电抗器参数选择

归纳仿真结果,可得下述分析意见:

(1)流过中性点电抗器的电流随 X_z 的增加而减小,当 $X_{z\_pu} \geqslant 0.7 X_{t0\_pu}$ 时,电流减小速度变慢。当小电抗数值为 $X_{z\_pu} = \dfrac{X_{t0\_pu}}{3}$ 时,变压器中性点电流降低50%。合理确定接地变电器的零序电抗,可在不增加变电站零序电流的条件下增加接地变压器数量。

(2)电抗器承受电压随 X_z 的增加而增大,当 $X_{z\_pu} = 2 X_{t0\_pu}$ 时,中性点电抗器工频电压达到30 kV。考虑到 X_0/X_1 对系统过电压的影响,每台变压器中性点电抗器阻抗值不宜超过 $\dfrac{2 X_{t0\_pu}}{3}$。

(3)仿真结果表明,增加接地变压器数量和接地变电站数量必然导致电网接地故障零序电流增加。当大范围采用变电器经小电抗接地方式时,须对零序电流变化做细致的规划计算。

(4)改变110 kV 系统短路容量对中性点电抗器电流影响大。短路容量越大,流过中性点电抗器的电流越大。

(5)系统侧 X_{S0}/X_{S1} 比值对中性点电抗器电流影响大。X_{S0}/X_{S1} 越大,则变压器中性点电抗器电流越大。

(6)当110 kV 侧三相短路容量取9000 MVA 时,低压侧电源对中性点电抗器电流影响较小,一般情况下可以忽略不计。

(7)根据对中性点电抗器接地故障暂态电压仿真结果,当中性点电抗值小于 $\dfrac{2 X_{t0\_pu}}{3}$ 时,变压器中性点故障暂态过电压峰值不大。变压器中性点及中性点电抗器绝缘水平与中性点避雷器保护水平的配合不会出现困难。

5.2 变压器低压侧串联电抗器限制短路电流

为保证电气设备安全运行,在短路电流特别大的主变低压侧加装限流电抗器。在变压器低压总路出线上加装限流电抗器,无论在出线上发生两相还是三相短路,都可以限制短路电流。但是,在正常运行时,由于限流电抗器的作用,也将使母线压降增大。选择电抗器的电抗值时,既要将短路电流限制到规定值,又要使电抗器的电压损失不超过母线额定电压的5%。

5.2.1 加装限流电抗器的注意事项

5.2.1.1 加装限流电抗器的电气位置

若是需要限制母线上的短路电流,限流电抗器应加装在主变低压出线套管至主变低压出线断路器之间。限流电抗器加装在该位置,可以使变电站低压母线的短路电流整体降低,主变低压侧开关及出线开关参数均可以按加装限流电抗器后的短路电流水平来选择,如图 5-21 所示。

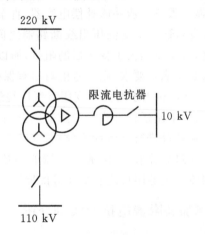

图 5-21 变压器低压侧加装限流电抗器位置

5.2.1.2 加装限流电抗器的空间位置

在新建变电站中加装限流电抗器,可以在设计总布置时综合考虑。但若是在原有变电站新增加限流电抗器,则布置的空间位置必须加以考虑。限流电抗器布置的总原则是三相不能叠放,以避免出现上层电抗器故障后引线脱落,与下方的其他相引线短接,发生变压器出口相间短路。可结合现场的情况,如将限流电抗器放置在主变侧的引流线构架上,充分利用空间位置,避免变电站原有的场地不足。

5.2.1.3 限流电抗器的参数选择

在选择限流电抗器的参数时应从以下 5 个方面予以考虑：

（1）从限制短路电流这个角度出发，加装限流电抗器后母线短路电流水平越低越好，即限流电抗器的电抗值越大越好；但电抗值越大则电抗器上的电压降低越大，电抗值过大则会导致母线电压过低，不满足运行要求。所以在选择加装限流电抗器限制短路电流的水平时，应兼顾母线的电压水平。在 220 kV 变电站工程设计时，采用的是假定加装限流电抗器后的短路电流水平，以此校核电压水平的方法。

（2）加装限流电抗器后校核电压水平时应结合母线运行所需电压水平及主变的调压范围及调压措施来综合考虑；母线电压校验的目的在于：在满足母线运行所需电压水平的前提下，尽量降低母线的短路电流水平。

（3）变电站低压侧通常装设有并联补偿电容器装置，在加入电抗器后若是参数选择不当则存在产生 L、C 回路谐振的可能，危及到线路安全稳定运行，所以必须结合变电站并联补偿电容器容量、限流电抗器感抗、母线短路容量、谐波水平、并联补偿电容器运行方式进行谐振计算。电抗器的参数选择一定要避开各个谐振点，否则必须修正电抗器参数或改造并联补偿电容器，直至满足要求为止。

（4）在主变低压出线套管至主变低压出线断路器之间加装限流电抗器后，从保护整定计算的角度看，其实是增大了变压器的阻抗，所以必须对原有保护的范围及灵敏度进行校验。若是不满足要求，则需考虑对原有保护装置的改造。

（5）加装限流电抗器后，相当于增大了变压器低压绕组的阻抗，这将改变变压器各侧的带负荷能力，对变电站运行方式的安排造成影响，所以必须根据限流电抗器和变压器的参数及负荷特性进行潮流计算分析，以确定正常运行方式、检修运行方式和事故运行方式。通过计算表明，限流电抗器的参数选择基本遵循各并联变压器低压绕组阻抗与限流电抗器阻抗之和应相等的原则。

5.2.2 变压器低压侧加装限流电抗器实例分析

某 220 kV 变电站共有 3 台主变，该变电站有 220 kV 出线 9 条，110 kV 出线 9 条，35 kV 出线 10 条。正常方式下最大负荷为 300～340 MW，其中 110 kV 负荷 190～210 MW，35 kV 负荷 110～130 MW。为满足其供电可靠性和 N−1 的要求，三台主变低压侧正常方式下均为并列运行。

工程实施之前，3 台主变的容量分别为 180 MVA、120 MVA、180 MVA。该工程要求把该 220 kV 变电站 2# 主变由 120 MVA 增容为 180 MVA。考虑到今后运行方式的安排能满足并列运行的要求，以保证供电可靠性，且 1# 主变是新近才更换完毕的，所以 2# 主变的参数选择应尽量与 1# 主变的参数一致。

由于该站的远期规划是最终建成 3 台三相三绕组变压器，所以在本工程设计中短路电流的计算模型既要考虑 2# 主变更换前的情况,又要考虑 2# 主变更换后的情况,如图 5-22、图 5-23 所示。

变压器的阻抗值根据其铭牌参数计算得出,并折算到 110 kV 侧;限流电抗器的阻抗值按 35 kV 侧 0.97 Ω 选择,折算到 110 kV 侧即为 9.37 Ω。

根据短路电流校验的结果,2# 主变均更换完毕后,当 1#、2#、3# 主变并列运行供 110 kV 母线,同时 1#、2#、3# 主变并列运行供 35 kV 母线时,该变电站 35 kV 母线最大三相短路电流为 36.88 kA,需更换该变电站现有的 35 kV 侧的所有断路器。

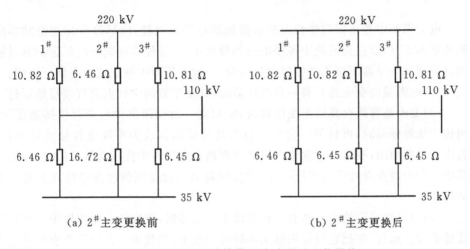

图 5-22 短路电流计算模型(加装限流电抗器前)

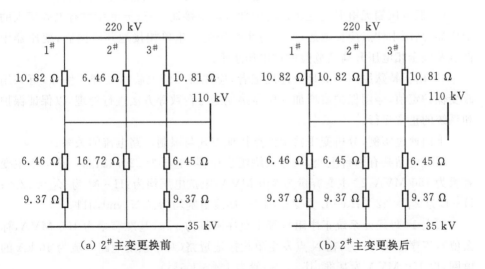

图 5-23 短路电流计算模型(加装限流电抗器后)

方案一：采用 70.5~126 kV SF6 断路器，分断能力选用 40 kA。

方案二：在主变低压侧采用限流电抗器，根据限流后的短路电流选择开关设备。

技术经济比较表明：方案二在经济上明显优于方案一，基于此，最终工程实施采用了方案二，即在 220 kV 变电站主变低压侧加装限流电抗器，限制低压母线短路电流的方法，既满足了工程实际需求又控制了工程造价。

5.3 改变变压器中性点接地方式限制短路电流

电力系统中变压器的中性点是否接地运行的原则是：应尽量保持变电站零序阻抗基本不变，以保持系统中零序电流的分布不变，并使零序电流电压保护有足够的灵敏度和变压器不至于产生过电压危险，一般变压器中性点接地有如下原则：

(1)电源端的变电站只有一台变压器时，其变压器的中性点应直接接地运行。

(2)变电站有两台及以上变压器时，应只将一台变压器中性点直接接地运行，当该变压器停运时，再将另一台中性点不接地变压器改为中性点直接接地运行。若由于某些原因，变电站正常情况下必须有两台变压器中性点直接接地运行，则当其中一台中性点直接接地变压器停运时，应将第三台变压器改为中性点直接接地的运行。

(3)双母线运行的变电站有三台及以上变压器时，应按两台变压器中性点直接接地的方式运行，并把它们分别接于不同的母线上，当其中一台中性点直接接地变压器停运时，应将另一台中性点不接地变压器改为中性点直接接地运行。

(4)低电压侧无电源的变压器的中性点可不接地运行；但低压侧有电源接入的变压器，高压中性点应接地运行，以防止高压侧发生单相接地并脱网后，变压器中性点及健全相电压升高到危险的过电压水平。

(5)由于特殊原因不满足上述规定者，应按特殊情况临时处理。例如，可采用改变保护定值，停用保护或增加变压器接地运行台数等方法进行处理，以保证保护和系统的正常运行。

下面通过实例，分析变压器中性点接地方式与限制短路电流的关系。

某变电站共有两台主变，均为三绕组变压器，电压为 220/121/11 kV，$1^{\#}$ 主变容量为 150 MVA，$2^{\#}$ 主变容量为 240 MVA，阻抗电压均为：H-M 为 $Z_{12}=12\%$；H-L 为 $Z_{13}=22\%$；M-L 为 $Z_{23}=9\%$，接线组别均为：YN，yn0，d11。

假定 $1^{\#}$ 母线处系统正序阻抗等于负序阻抗为 x_{0+}（基准容量为 150 MVA，标幺值），零序阻抗为 x_{00}，在 N 点发生单相接地短路（对于系统短路电流为 40 kA 的电网，以 150 MVA 为基准，其 x_{0+} 一般为 $1\%~1.5\%$）。

按以下三种变压器接地方式，分析变压器中性点接地方式与限制短路电流的关系。

(1)1#主变 220 kV、110 kV 侧中性点均接地,2#主变 220 kV、110 kV 侧中性点均不接地,负荷侧开路,即空载时,如图 5-24。

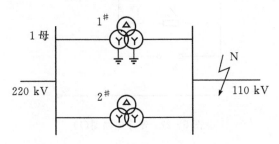

图 5-24　变电站两主变接线及短路位置图

从 N 点向电源侧看,正序、负序及零序电路图(1)分别如图 5-25、图 5-26、图 5-27 所示。

正序电路图(1)为:

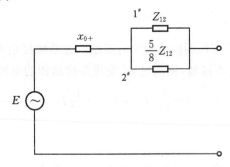

图 5-25　正序电路图(1)

负序电路图(1)为:

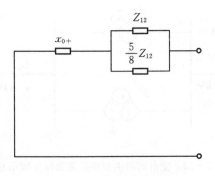

图 5-26　负序电路图(1)

零序电路图(1)为:

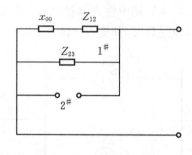

图 5 - 27　零序电路图(1)

按图 5 - 36 计算各序电流,结果如式(5 - 3);流过接地点的电流如式(5 - 4)。则流过 1# 变压器接地相的电流为

$$I_{B1} = \frac{\dfrac{5}{8}}{1 + \dfrac{5}{8}}(I_+ + I_-) + I_0 = \frac{5}{13}(I_+ + I_-) + I_0 = \frac{23}{13}I_1 = \frac{1.77E_0}{Z_0 + 2\left(x_{0+} + \dfrac{5}{13}Z_{12}\right)}$$

$$= 0.59I_{d1}$$

也就是说,流过 1# 变压器接地相的电流是流过系统接地点电流 I_{d1} 的0.59倍。

由于 2# 变中性点不接地,则流过 2# 变压器接地相的电流为

$$I_{B2} = \frac{1}{1 + \dfrac{5}{8}}(I_+ + I_-) = \frac{8}{13}(I_+ + I_-) = \frac{16}{13}I_1 = \frac{1.23E_0}{Z_0 + 2\left(x_{0+} + \dfrac{5}{13}Z_{12}\right)}$$

$$= 0.41I_{d1}$$

也就是说,流过 2# 变压器接地相的电流是流过系统接地点电流 I_{d1} 的0.41倍。

(2)1# 主变 220 kV 侧中性点接地,110 kV 侧中性点不接地;2# 主变220 kV侧中性点不接地,110 kV 侧中性点接地;负荷侧开路,如图 5 - 28。

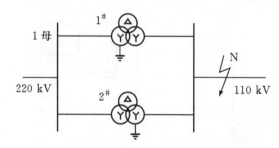

图 5 - 28　变电站两主变接线及短路位置示意图

从 N 点向电源侧看,正序、负序及零序电路图(2)分别如图 5 - 29、图 5 - 30、图

5-31所示。

正序电路图(2)为：

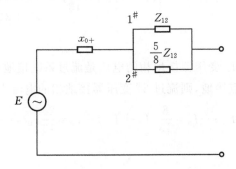

图 5-29　正序电路图(2)

负序电路图(2)为：

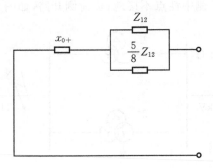

图 5-30　负序电路图(2)

零序电路图(2)为：

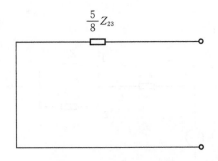

图 5-31　零序电路图(2)

按图 5-36 计算各序电流,结果如式(5-3);流过接地点的电流如式(5-4)。由于 1# 变中性点不接地,则流过 1# 变压器接地相的电流为

$$I_{B1}=\frac{\frac{5}{8}}{1+\frac{5}{8}}(I_++I_-)=\frac{5}{13}(I_++I_-)=\frac{10}{13}I_1=\frac{0.77E_0}{Z_0+2(x_{0+}+\frac{5}{13}Z_{12})}$$

$$=0.26I_{d2}$$

也就是说,流过 $1^\#$ 变压器接地相的电流是流过系统接地点电流 I_{d2} 的0.26倍。

由于 $2^\#$ 变中性点接地,则流过 $2^\#$ 变压器接地相的电流为

$$I_{B2}=\frac{1}{1+\frac{5}{8}}(I_++I_-)+I_0=\frac{8}{13}(I_++I_-)+I_0=\frac{29}{13}I_1=\frac{2.23E_0}{Z_0+2(x_{0+}+\frac{5}{13}Z_{12})}$$

$$=0.74I_{d2}$$

也就是说,流过 $2^\#$ 变压器接地相的电流是流过系统接地点电流 I_{d2} 的0.74倍。

(3)$1^\#$ 主变 220 kV 侧中性点不接地,110 kV 侧中性点接地;$2^\#$ 主变 220 kV 侧中性点接地,110 kV 侧中性点不接地;负荷侧开路,如图 5-32。

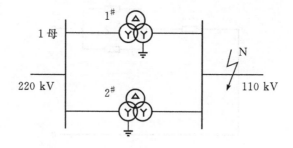

图 5-32　变电站两主变接线及短路位置示意图

从 N 点向电源侧看,正序、负序及零序电路图(3)分别如图 5-33、图 5-34、图 5-35所示。

正序电路图(3)为:

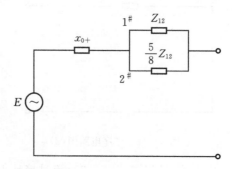

图 5-33　正序电路图(3)

负序电路图(3)为:

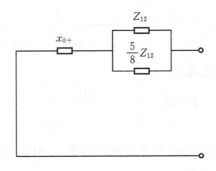

图 5-34 负序电路图(3)

零序电路图(3)为:

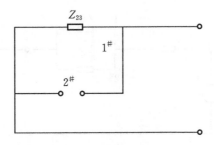

图 5-35 零序电路图(3)

按图 5-36 计算各序电流,结果如式(5-3);流过接地点的电流如式(5-4)。则流过 1# 变压器接地相的电流为

$$I_{B1}=\frac{\dfrac{5}{8}}{1+\dfrac{5}{8}}(I_++I_-)+I_0=\frac{5}{13}(I_++I_-)+I_0=\frac{23}{13}I_1=\frac{1.77E_0}{Z_0+2(x_{0+}+\dfrac{5}{13}Z_{12})}$$

$$=0.59I_{d3}$$

也就是说,流过 1# 变压器接地相的电流是流过系统接地点电流 I_{d3} 的0.59倍。

由于 2# 变中性点不接地,则流过 2# 变压器接地相的电流为

$$I_{B2}=\frac{1}{1+\dfrac{5}{8}}(I_++I_-)=\frac{8}{13}(I_++I_-)=\frac{16}{13}I_1=\frac{1.23E_0}{Z_0+2(x_{0+}+\dfrac{5}{13}Z_{12})}$$

$$=0.41I_{d3}$$

也就是说,流过 2# 变压器接地相的电流是流过系统接地点电流 I_{d3} 的0.41倍。

以上三种接地方式发生单相接地后,均可按如图 5-36 所示的复合序网图来计算各序电流。三种情况下,每种情况的正序电流、负序电流、零序电流均相等,

即为

$$I_1 = I_0 = I_+ = I_- = \frac{E_0}{Z_0 + 2(x_{0+} + \frac{5}{13}Z_{12})} \qquad (5-3)$$

流过接地点的短路电流为

$$I = 3I_1 = \frac{3E_0}{Z_0 + 2(x_{0+} + \frac{5}{13}Z_{12})} \qquad (5-4)$$

由于三种情况的正序阻抗、负序阻抗均相等,差别仅在零序阻抗 Z_0。三种情况的 Z_0 分别是:$\frac{Z_{23}(x_{00}+Z_{12})}{x_{00}+Z_{12}+Z_{23}}$、$\frac{5}{8}Z_{23}$、$Z_{23}$。可见,第三种情况的 Z_0 最大,流过接地点的电流最小。

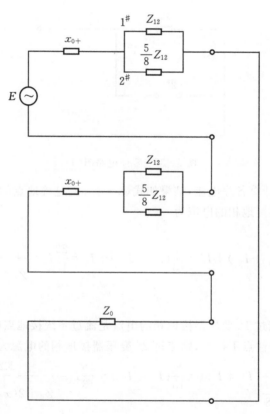

图 5-36　发生单相接地时的复合序网图

(4)变电站满负荷运行时,共带负荷 390 MVA,功率因素为 $\cos\varphi = 0.9$,且负荷侧变压器中性点不接地,即零序阻抗为 ∞,如图 5-37。

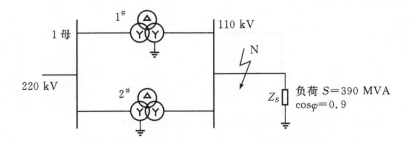

图 5 - 37　两主变接线及短路位置示意图

以 150 MVA 为基准，则负荷阻抗标幺值为

$$Z_s = \frac{S}{150}(\cos\varphi + i\sin\varphi) = \frac{390}{150}(\cos\varphi + i\sin\varphi) = 2.34 + j1.13$$

从 N 点往两侧看，正序、负序及零序电路图(4)分别如图 5 - 38、图 5 - 39、图 5 - 40所示。

正序电路图(4)为：

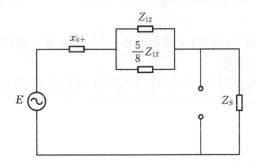

图 5 - 38　正序电路图(4)

负序电路图(4)为：

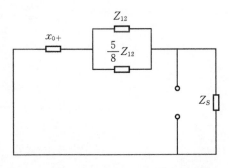

图 5 - 39　负序电路图(4)

第 5 章　限制变压器短路电流的方法

零序电路图(4)为：

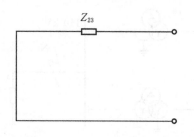

图 5 - 40   零序电路图(4)

$Z_{12}=0.12, Z_{23}=0.09, x_{0+}\leqslant 0.015$，它们与 Z_S 相比小得多，在计算回路电流时，完全可以忽略 Z_S 的影响。所以，负载的大小，对短路电流的大小几乎没有影响。

根据以上 4 个例子，可以得出结论：当一个站有两台容量不同的变压器并联运行时，要减小负荷侧的单相接地短路电流，应该做到：

①220 kV 侧中性点接地的变压器与 110 kV 侧中性点接地的变压器应分开，即：一台变压器 220 kV 侧中性点接地时，应选另一台变压器的 110 kV 侧中性点接地，而不应选同一台。

②如果一个变电站内两台主变容量不一样，应选择容量较小的一台变压器在其 110 kV 侧中性点接地。

③在计算短路电流时，不考虑短路前变压器所带负荷，对短路电流的计算结果几乎没有影响。

参 考 文 献

[1]　向伯荣.电机学[M].郑州:黄河水利出版社,2002.

[2]　杨星跃,朱毅.电机技术[M].郑州:黄河水利出版社,2009.

[3]　DL/T393—2010.输变电设备状态检修试验规程[S].

[4]　张洪俊,李学利.变电运行工[M].北京:中国水利水电出版社,2009.

[5]　曹娜.电力系统分析[M].北京:北京大学出版社,2009.

[6]　GB1094.5—2016.电力变压器第五部分:承受短路的能力[S].

[7]　GB/T 6451—2015.油浸式电力变压器技术参数和要求[S].

[8]　GB/T 13499—2016.电力变压器应用导则[S].

[9]　GB 1094.7—2016.电力变压器 第7部分 油浸式电力变压器负载导则[S].

[10]　DL/T 572—2010.电力变压器运行规程[S].

[11]　GB/T 1094.6—2011 电力变压器 第6部分:电抗器[S].

[12]　GB 1094.11—2007 电力变压器 第 11 部分:干式变压器[S].